Raju Basak
Maitrayee Chakrabarty
Rakesh Das

Perigo elétrico e pós-catástrofe

Raju Basak
Maitrayee Chakrabarty
Rakesh Das

Perigo elétrico e pós-catástrofe

ScienciaScripts

Imprint

Any brand names and product names mentioned in this book are subject to trademark, brand or patent protection and are trademarks or registered trademarks of their respective holders. The use of brand names, product names, common names, trade names, product descriptions etc. even without a particular marking in this work is in no way to be construed to mean that such names may be regarded as unrestricted in respect of trademark and brand protection legislation and could thus be used by anyone.

Cover image: www.ingimage.com

This book is a translation from the original published under ISBN 978-620-8-41541-9.

Publisher:
Sciencia Scripts
is a trademark of
Dodo Books Indian Ocean Ltd. and OmniScriptum S.R.L publishing group

120 High Road, East Finchley, London, N2 9ED, United Kingdom
Str. Armeneasca 28/1, office 1, Chisinau MD-2012, Republic of Moldova, Europe
Managing Directors: Ieva Konstantinova, Victoria Ursu
info@omniscriptum.com

Printed at: see last page
ISBN: 978-620-2-77910-4

RISCOS ELÉCTRICOS E TRABALHOS DE RENOVAÇÃO APÓS CATÁSTROFES

Dr. Raju Basak	**Dr. Maitrayee Chakrabarty**	**Sr. Rakesh Das**
Professor, Departamento de Engenharia Eléctrica Universidade Techno India, Calcutá basak.raju@yahoo.com	Professor Assistente, Departamento de Engenharia Eléctrica Faculdade de Engenharia JIS moitry29@gmail.com	Professor, Departamento de Engenharia Eléctrica Instituto de Tecnologia de Calcutá rakesh.das.btech@gmail.com

This Book is dedicated to

my

Beloved Parents

My daughter and the Almighty

Who has been a source

of

Inspiration

Throughout my life

Prefácio

O mercado da eletricidade existente em todo o mundo tem sido extremamente exacerbado por riscos eléctricos que têm um grande impacto a nível residencial, comercial, de edifícios públicos, de serviços de eletricidade, bem como na saúde humana. Para evitar os riscos, é necessária uma consciencialização crítica na vida quotidiana, bem como nos trabalhos de reconstrução após a catástrofe. Este livro destaca as catástrofes graves associadas ao risco elétrico, juntamente com o impacto ambiental e na saúde. Foi feita uma análise generalizada em todo o mundo sobre diferentes tipos de lesões eléctricas fatais e não fatais que têm um grande impacto na vida humana e na vida animal. Este livro destaca basicamente as várias precauções de segurança para o utilizador diário, bem como para o trabalhador, no que diz respeito à reparação e manutenção e às circunstâncias de risco elétrico pós-operatório em diferentes locais. Esta extensa revisão da literatura aborda a análise de risco relacionada com o sector da eletricidade, a disposição sistemática para controlar os riscos eléctricos, as precauções de segurança eléctrica em vários níveis de tensão, o efeito adverso dos riscos eléctricos na vida humana.

ÍNDICE

Capítulo 1
Introdução Básica ao Risco Elétrico

1.1. Introdução

Atualmente, existem inúmeros riscos eléctricos, como queimaduras, choques, quedas, etc., que podem causar uma ameaça potencial ou real ao bem-estar das pessoas, das máquinas ou do ambiente. A segurança eléctrica é necessária em todo o lado para gerir os riscos eléctricos e diminuir o nível de risco. A proteção eléctrica é mais importante porque cada equipamento tem um limite de tolerância específico. Por outro lado, é muito difícil identificar rapidamente se um condutor está vivo ou morto, no caso de um simples cabo ou de um condutor nu. Esta manifestação pode eventualmente induzir em erro os trabalhadores electricistas, bem como os utilizadores. Além disso, esta é a origem da maioria dos acidentes eléctricos. Qualquer tipo de catástrofe ou acidente elétrico é um fenómeno inesperado que provoca a perda de vida ou danos físicos, e a perda de bens é um incidente inesperado que prejudica também o processo de fabrico. Pode ocorrer devido a uma atividade insegura ou a uma ação de risco no trabalho ou mutuamente. As medidas de segurança devem seguir rigorosamente os regulamentos pré-estabelecidos para a segurança das pessoas, caso contrário, podem ocorrer choques eléctricos ou riscos. Existem diferentes factores que estão diretamente relacionados com os sistemas de segurança eléctrica, tais como assegurar um isolamento adequado, um sistema de ligação à terra de alta qualidade e a aprovação de sistemas de proteção e controlo suficientes. A título de exemplo, o arco voltaico é um risco perigoso que envolve a circulação de corrente no ar entre os condutores de fase ou a ligação entre os condutores de fase e a terra, fundamentalmente, um curto-circuito elétrico imprevisto que cria um arco de eletricidade e pode causar danos importantes, incluindo a morte.

As redes eléctricas tradicionais são redes muito complexas que estão ligadas à rede nacional e internacional. São ligados vários cabos aéreos e subterrâneos para transmitir e distribuir a energia através da estação de produção até ao consumidor final. Os riscos eléctricos podem ocorrer devido a qualquer tipo de calamidade natural ou catástrofe natural, como terramotos, trovoadas, etc. Alguns dos livros abordam vários riscos eléctricos que têm impacto na vida humana diariamente e, juntamente com isso, destacam todos os riscos eléctricos que ocorreram em todo o mundo em 2011-2019 com base na quantidade de gravidade . Existem algumas soluções para resolver o risco elétrico em condições de emergência, utilizando o algoritmo do caminho mais curto de Floyd-Warshall, o algoritmo de Dijkstra baseado em prioridades com várias restrições, um algoritmo de particionamento interativo baseado na gestão de crises de energia eléctrica. Chen et.al têm-se concentrado em programas de segurança recentemente introduzidos para melhorar a segurança ambiental, com base no relatório de sugestões de 71 executivos de topo, 229 pessoal de gestão lateral e 350 trabalhadores de campo que podem ser vítimas de acidentes. Recentemente, tem havido enormes fatalidades e perdas de infra-estruturas na nossa sociedade. Em 2020, registaram-se vários incidentes relacionados com lesões eléctricas fatais que ocorreram em ambientes residenciais, locais de trabalho e pessoas de diferentes idades.

Discutimos a forma de ultrapassar ou atenuar a reconfiguração da rede no sistema elétrico. Basicamente, atualmente, o sistema de distribuição radial é a configuração mais utilizada para um sistema de distribuição de energia. A fim de melhorar as condições de funcionamento do sistema, o estado dos interruptores de seccionamento e dos interruptores de ligação deve ser alterado enquanto a carga é transferida de um alimentador para outro alimentador.

As cargas de distribuição são rearranjadas de tal forma que devem estar em condições de liderança, a fim de melhorar a condição estável da tensão do sistema. Os sistemas devem ser variados para se tornarem muito carregados ou pouco carregados em diferentes intervalos de tempo, porque o sistema de distribuição é principalmente utilizado para o processo de fabrico para a configuração de casas e cargas leves. A melhoria da tensão no sistema de alimentação para um funcionamento suave no pico de carga e para aumentar a densidade da rede é a possibilidade de reconfigurar o processo. Devido à escassez de energia reactiva reservada através do processo de carga pesada, ocorre uma falha de tensão. É muito importante que a estabilidade da tensão aumente nessa altura, a fim de evitar perdas financeiras, enquanto todo o sistema está sujeito a um apagão. Por conseguinte, um sistema estável é muito fiável. A rede do sistema é reconfigurada variando as condições de funcionamento para comutar a linha de transmissão que está ligada aos barramentos invulgares. Alterando o estado aberto-fechado dos interruptores de seccionamento e dos interruptores de ligação. Transferindo a carga dos alimentadores com carga elevada para os alimentadores com carga reduzida. A reconfiguração da rede de um sistema de distribuição de energia é efectuada para alterar o alimentador de distribuição construído. Toda a rede é equilibrada uma a uma. O método de reconfiguração é aberto, poucos interruptores seccionadores estão a fechar poucos interruptores de ligação, o que provoca uma redução da perda de potência ativa e reactiva. A carga equilibrada melhora a tensão do sistema. Nos sistemas de distribuição primários , os interruptores de seccionamento são utilizados principalmente para proteção, para isolar um defeito, e para gestão da configuração, para reconfigurar a rede. A rede é reconfigurada com dois objectivos: (i) reduzir a perda de energia do sistema, (ii) equilibrar a carga na rede. Com o contínuo desenvolvimento social e económico, o fornecimento fiável de energia está a tornar-se muito exigente. Ao reforçar a estrutura de um sistema de energia e ao otimizar o seu sistema de gestão, os riscos de falhas do sistema de energia podem ser reduzidos. Além disso, a complexidade do funcionamento do sistema elétrico aumenta os riscos de falhas do sistema elétrico. Por exemplo, o apagão de 30 de julho de 2012 na Índia e o apagão de 14 de agosto de 2003 nos EUA e no Canadá recordam-nos que é importante melhorar o funcionamento seguro e estável dos sistemas eléctricos reais de grande escala. Assim, continua a ser importante estudar o restabelecimento do sistema elétrico após um apagão.

1.2 Riscos eléctricos:

Os riscos eléctricos podem ser classificados em duas categorias: lesões eléctricas de tipo fatal e lesões eléctricas de tipo não fatal.

Lesões eléctricas fatais:

As lesões eléctricas fatais podem ser explicadas quando uma quantidade elevada de corrente passa através do corpo, o que pode ter um impacto instantâneo ou imediato na vida humana e pode causar incidentes que põem a vida em risco devido a um risco elétrico.

Lesões não mortais:

As lesões eléctricas não fatais podem ser explicadas quando uma pequena quantidade de corrente passa pelo corpo, o que pode ter um impacto comparativamente menor na vida humana, sendo a gravidade deste tipo de riscos eléctricos inferior à das lesões eléctricas fatais.

Há várias causas que podem ter impacto na vida quotidiana, desde a nossa atividade doméstica até ao local de trabalho. Qualquer tipo de cablagem defeituosa ou riscada, enchimento excessivo ou sobrecarga da linha de alimentação numa rede ou tomada, ligação solta de cabos de extensão e fichas de encaixe ou qualquer equipamento, derrame de água em equipamento elétrico ou toque em equipamento elétrico com as mãos molhadas, ligação à terra inadequada, cabos eléctricos mal localizados, utilização inadequada de equipamento de segurança como fusíveis. Na maior parte dos casos, os riscos eléctricos afectam os trabalhadores da segurança, os engenheiros, os electricistas, os que lidam com linhas aéreas; a instalação, a reparação, a inspeção e a manutenção de equipamento elétrico, bem como os trabalhadores agrícolas, porque a maior parte da maquinaria pode entrar em contacto com linhas eléctricas aéreas nas terras agrícolas. Basicamente, os riscos eléctricos podem ser classificados como: 1. Choque elétrico. 2. Queimaduras eléctricas. 3. Arco voltaico ou explosão de arco voltaico.

1.3.   Efeito da corrente eléctrica no corpo humano

A corrente eléctrica pode ser definida como a taxa temporal de movimento líquido de uma carga eléctrica através de um limite de secção transversal. Um movimento aleatório de electrões num metal não constitui uma corrente, a menos que haja uma transferência líquida de carga ao longo do tempo. A figura 1 mostra o fluxo da corrente eléctrica.

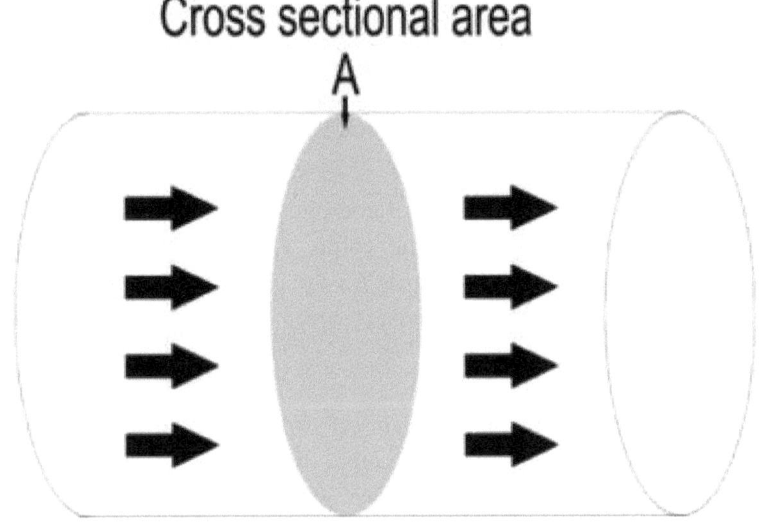

Fig. 1 Fluxo de corrente eléctrica

Quando os electrões fluem através de um material devido à eletricidade, encontram uma resistência, cujos efeitos se manifestam sob a forma de calor. Se for produzida uma quantidade excessiva de calor, o corpo humano é gravemente afetado, podendo os tecidos ou órgãos internos ser queimados sem evidência externa. A figura 2 mostra o impacto global no corpo humano devido aos riscos eléctricos.

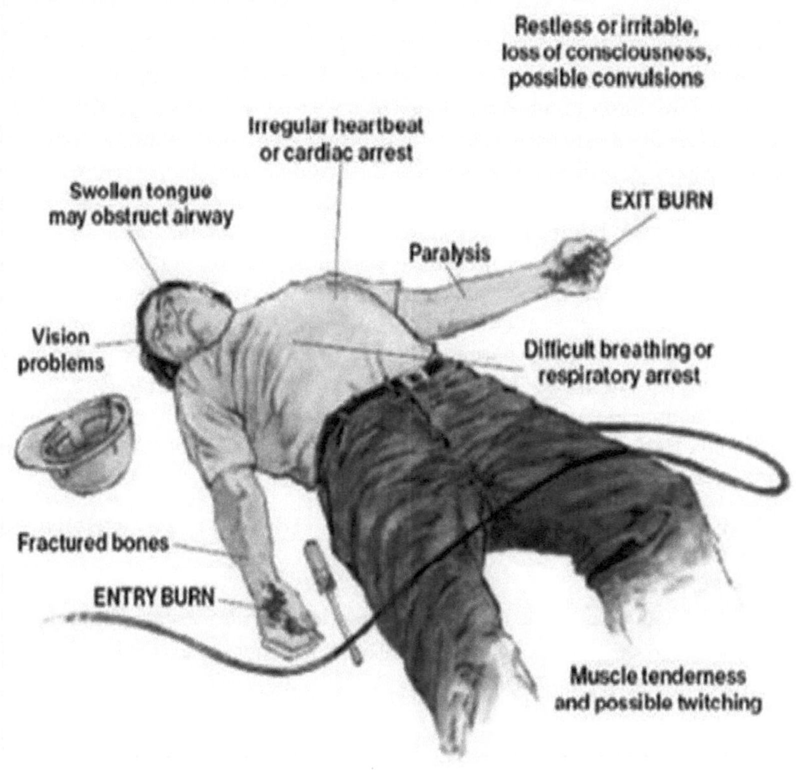

Fig. 2 Impacto global no corpo humano devido a riscos eléctricos

1.4. PERIGOS DO CHOQUE ELÉTRICO

A gravidade de um acidente por choque elétrico baseia-se na quantidade de corrente eléctrica e no intervalo de tempo em que a corrente passa pelo corpo humano. Por exemplo, 0,1A de eletricidade que atravessa o corpo durante apenas 2 segundos, é suficiente para causar a morte. Quantidade de Correntes acima de 10 mA podem imobilizar ou "congelar" os músculos do corpo. Quando este "congelamento" ocorre, a pessoa não é capaz de libertar as suas ferramentas manuais ou outros acessórios. Na verdade, as ferramentas manuais podem ser seguradas com ainda mais força, o que leva a uma maior cedência à elevada quantidade de corrente. Por este motivo, as ferramentas manuais que provocam um choque elétrico podem ser muito perigosas. Se não conseguir soltar a ferramenta, a corrente eléctrica percorre o corpo humano durante mais tempo, o que pode levar à paralisia respiratória. Sofre de problemas respiratórios durante um longo período. As pessoas têm tido problemas respiratórios quando levam choques com correntes eléctricas de 48 a 50 volts. Normalmente, são necessários cerca de 30 mA de corrente para causar paralisia respiratória. Um fluxo de corrente superior a 75 mA é a causa da fibrilhação ventricular. Devido a este estado, a morte ocorrerá em poucos minutos, mas será ultrapassada com a utilização de um desfibrilhador para salvar a vítima. Se o corpo for percorrido por uma corrente superior a 4 amperes, o coração fica paralisado e deixa de bombear. Os tecidos queimam-se com correntes superiores a 5 amperes. Tensões maiores produzem correntes maiores. O perigo é maior com tensões mais elevadas. A resistência dificulta a corrente. Quanto menor for a resistência, maior será a corrente. A pele molhada reduz fortemente a resistência. A pele molhada permite que a corrente passe facilmente para o corpo e dê um choque forte. Quando é aplicada mais força ao ponto de contacto ou quando a área de contacto é maior, a resistência é menor, provocando choques mais fortes. O quadro 1 aborda os vários tipos de proteção necessários para proteger o corpo humano dos choques eléctricos.

1.5. IMPACTO NA VIDA HUMANA DEVIDO A CHOQUES ELÉCTRICOS

Dependendo da quantidade de corrente eléctrica que atravessa o corpo humano, pode causar impactos graves. O quadro 1 menciona vários impactos na vida humana devido a choques eléctricos.

QUADRO 1

Múltiplos impactos na vida humana devido a choques eléctricos

Sl não.	Corrente (mA)	Impacto no corpo humano
1	1	Pequena sensação de formigueiro
2	2-9	Um pequeno choque
3	10-24	Os músculos contraem-se, provocando o congelamento
4	25-74	Os músculos respiratórios podem ficar paralisados, a dor, as queimaduras de saída são

		frequentemente visíveis
5	75-300	Geralmente fatal; fibrilhação ventricular; feridas de entrada e saída visíveis
6	>300	Morte certa; se sobreviver terá os órgãos gravemente queimados e provavelmente necessitará de amputações

Para tratar uma vítima exposta a um choque elétrico. A figura 3 mostra que uma pessoa foi afetada devido ao contacto com um condutor aberto.

Fig. 3 Impacto no choque elétrico

1.6. IMPACTO NA VIDA HUMANA DEVIDO A QUEIMADURAS ELÉCTRICAS

A pele é constituída por três camadas: a epiderme, a derme e a hipoderme. A epiderme é a camada mais externa da pele, que é constituída principalmente por queratinócitos para proteção contra agentes patogénicos. A segunda camada é a derme, que contém vasos sanguíneos, nervos e glândulas. A principal função desta camada é conferir elasticidade e resistência à tração da pele. Por fim, a hipoderme é a última camada da pele, que contém os tecidos diretamente ligados aos ossos e aos músculos. A gravidade da queimadura é descrita pelo grau da ferida e pelo efeito da camada de pele. A queimadura de primeiro grau afecta apenas a epiderme, a queimadura de segundo grau afecta a metade superior da derme e a queimadura de terceiro grau afecta a hipoderme. Basicamente, o terceiro grau de queimadura destruiu a vasculatura e perdeu a capacidade de auto-regeneração da pele. A figura 4 mostra o impacto global nas camadas da pele humana devido aos riscos eléctricos

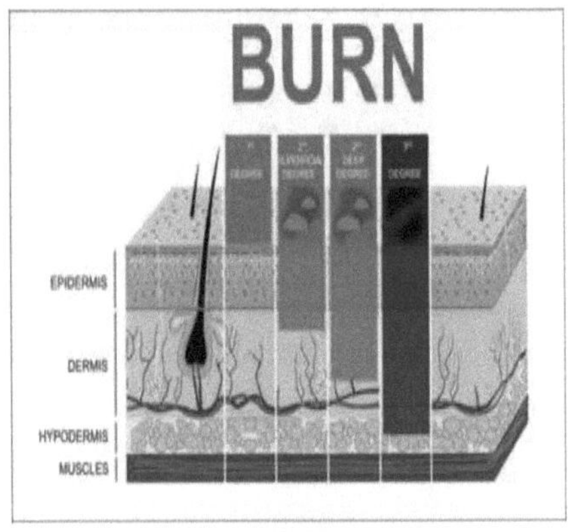

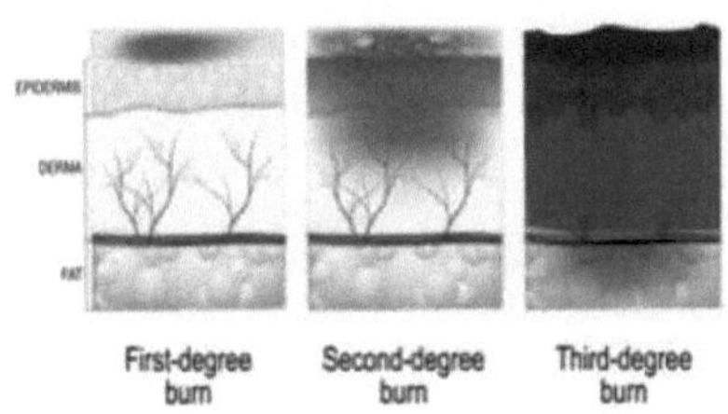

Fig. 4 Camadas da pele e queimadura da pele

No corpo humano, a resistência da pele é muito elevada; uma pequena quantidade de fluxo de corrente num curto espaço de tempo provoca queimaduras na pele. A Tabela 2 aborda a resistência normal do corpo humano considerando diferentes tipos de pele. Foram destacadas algumas medidas para tratar uma vítima de queimaduras eléctricas.

QUADRO 2

Resistências corporais de diferentes tipos de pele humana

SL. Não.	Tipo de resistência	Valores de resistência
1	Pele seca	100.000 a 600.000 Ohms
2	Pele húmida	1000 Ohms

Tensões superiores a 240 V podem romper a pele. As células cerebrais e outros tecidos nervosos do corpo humano, especialmente o coração, o sistema nervoso perde toda a sua excitabilidade funcional quando passam grandes quantidades de correntes.

1.7. IMPACTO NA VIDA HUMANA DEVIDO AO ARCO ELÉCTRICO E À EXPLOSÃO

O arco voltaico é um fenómeno em que os relâmpagos deixam o seu caminho certo e fluem através do ar de um condutor para outro. Provoca muitas lesões fatais, até mesmo a morte, e lesões não fatais, como perda de audição, explosão, lesões oculares, lesões pulmonares, etc. A figura 5 mostra o impacto do arco voltaico no ser humano devido a riscos eléctricos.

Fig. 5 Impacto do arco elétrico

A segurança eléctrica é essencial para evitar riscos eléctricos em qualquer ambiente, especialmente em áreas de alto risco como as operações industriais e mineiras. As principais práticas de segurança incluem uma ligação à terra adequada, manutenção regular, utilização de equipamento de proteção individual (EPI) apropriado, implementação de procedimentos de bloqueio/etiquetagem e monitorização contínua dos sistemas eléctricos. Seguindo os protocolos de segurança estabelecidos, fornecendo formação adequada e assegurando a conformidade com os regulamentos, os riscos de choques, incêndios, explosões e danos no equipamento podem ser significativamente reduzidos. A segurança eléctrica eficaz não só protege os

trabalhadores e o equipamento, como também assegura o funcionamento fiável
e eficiente dos sistemas eléctricos.

Capítulo 2
Pesquisa bibliográfica

Várias investigações conduziram à reconfiguração da rede. Alguns dos estudos bibliográficos são enumerados a seguir. Maitrayee Chakrabarty et al. concentraram-se no resumo da literatura passada e atual que ilustra as várias causas do apagão. Maitrayee Chakrabarty et al representam um novo algoritmo para o restabelecimento do serviço, com o objetivo de fornecer energia a cada carga importante através do gerador de arranque negro durante a emergência após um apagão imediato. Dipu Sarkar et al. concentraram-se na partição de ilhas na rede de distribuição com o tamanho predefinido da BSU. Na solução proposta, utilizaram um novo algoritmo para o restabelecimento do serviço, seccionando toda a rede eléctrica em partes insulares, de modo a que cada carga anterior e estação de produção sem arranque automático receba energia da BSU com o número mínimo de operações de comutação. Maitrayee Chakrabarty et al. centraram-se numa nova solução baseada em agrupamentos para sistemas de energia que seriam restaurados através do fornecimento de energia após uma falha. A rede global foi dividida em clusters separados de modo a que cada cluster tenha pelo menos uma "unidade de arranque negro", que pode reiniciar a sua própria produção. Qian Chen et al concentraram-se no inquérito multinível sobre a cultura e o clima de segurança e na forma como os programas de segurança podem ser desenvolvidos para melhorar a cultura e o clima de segurança. Elnaz Safapour et al centraram-se nos desafios e nas melhores práticas para a segurança da reconstrução pós-catástrofe. As primeiras actividades de reconstrução pós-catástrofe envolvem a remoção de detritos e a limpeza da área, o que causa preocupação aos gestores de construção quanto à segurança dos seus trabalhadores, devido a possíveis riscos desconhecidos. Também mencionaram um plano de gestão da segurança para os desafios da reconstrução pós-catástrofe. Richard Campbell propôs lesões eléctricas fatais em 2020 em termos de diferentes factores nos EUA, na indústria privada, de 2011 a 2020. Descreveu diferentes dados estatísticos sobre lesões eléctricas e fatalidades do Departamento do Trabalho dos EUA. Estes propuseram diferentes lesões eléctricas causadas por diferentes eventos na indústria privada dos EUA. Foram descritas algumas dicas de segurança eléctrica doméstica. Saba, T. M et al descreveram o nível de sensibilização para os riscos eléctricos e as medidas de segurança entre os utilizadores residenciais de eletricidade. S.O.

Ezennaya et al descreveram riscos eléctricos e conselhos de segurança em diferentes locais de trabalho, como casa, escritórios, locais de trabalho, etc. Também foram mencionados alguns conselhos de sensibilização, segurança e orientações para a prevenção de riscos eléctricos. Dong Zhao et al propuseram a sensibilização para a segurança eléctrica na construção utilizando ambientes virtuais para apoiar a indústria da construção. Nyein Nyein Htwe descreveu os efeitos da eletricidade no corpo humano e propôs também alguma sensibilização para os riscos eléctricos. Mattavell et al centraram-se em modelos dinâmicos de grandes sinais para um condensador em série controlado por tiristores (TCSC). Os modelos do seu artigo baseiam-se na representação das tensões e correntes como séries de Fourier variáveis no tempo e centram-se na dinâmica dos coeficientes de Fourier a curto prazo. Kang e Park propuseram a aplicação de reactores em série controlados por tiristores para minimizar a corrente de defeito no sistema elétrico e melhorar a estabilidade. Johansson, Angquist e Nee introduziram um controlador adaptativo para a estabilidade do sistema de potência, a fim de melhorar o sistema e o controlo do fluxo de potência utilizando condensadores em série comutados por tiristores. K.K. Sen descreveu a teoria e a técnica de modelização dos dispositivos dos sistemas flexíveis de transmissão de corrente alternada (FACTS), para melhorar a estabilidade, a capacidade de transferência de potência e a controlabilidade do sistema elétrico. Kavitha e Neela propuseram que os dispositivos FACTS desempenham um papel vital na melhoria do desempenho estático e dinâmico dos sistemas de energia e descreveram também que o tipo, a localização e a classificação dos dispositivos FACTS desempenham um papel importante na decisão da medida em que o objetivo de melhorar o desempenho do sistema é alcançado de forma rentável. Yusoff et al centraram-se no congestionamento da rede no sistema elétrico. Descreveu que o desenvolvimento de sistemas de energia desregulamentados está a sobrecarregar as redes de transmissão, o que também é conhecido como congestionamento da rede. Konwar et al propuseram que, nos sistemas de distribuição, a reconfiguração da rede é compreendida através da utilização de um interruptor de seccionamento no sistema. É geralmente utilizado para reduzir as perdas ou para equilibrar a carga no sistema elétrico e estabilizar o sistema. Md Amin, descreveu duas condições que são investigadas, a saber, o estado não congestionado e o estado congestionado do sistema elétrico. Pillay et al. centraram-se na gestão do congestionamento nos sistemas de energia e falaram da reestruturação, descrevendo os problemas de congestionamento da transmissão decorrentes de transacções múltiplas em mercados de eletricidade desregulamentados. Dommel e Tinney descreveram que utilizaram uma técnica de otimização para minimizar o custo do combustível das estações de produção. Neste documento, é apresentada uma política convencional e inteligente para a otimização do fluxo de potência.

Capítulo- 3
Prevenção e Análise de Riscos

3.1. ANÁLISE DE RISCO RELACIONADA COM O SECTOR DA ELECTRICIDADE

Há duas grandes avaliações envolvidas no sector da eletricidade, ou seja, (i) estimativa da avaliação do risco da eletricidade (ii) processo de controlo da gestão do risco. Inicialmente, a estimativa da avaliação do risco da eletricidade centrou-se na identificação dos tipos de perigo da eletricidade, no conteúdo estabelecido, nos tipos de risco envolvidos e no nível de risco envolvido. Finalmente, a estimativa da avaliação do risco da eletricidade centrou-se na avaliação do risco e no controlo do risco. A avaliação do risco foi segregada da classificação do risco e verificado o ponto tolerável, etc. e o controlo do risco foi identificado como o melhor esquema de solução disponível para mitigar o risco. Um aspeto ambiental é explicado pela norma ISO 14001:1996 como uma parte da atividade, produto ou serviço de uma empresa que pode estar relacionada com o meio envolvente. O ambiente é explicado como o ambiente em que uma empresa opera, incluindo o ar, a água, a terra, os recursos naturais, a flora, a fauna, os seres humanos e as suas inter-relações. O reconhecimento dos aspectos ambientais contempla por vezes, por exemplo, as emissões para a atmosfera, as descargas para a água e o solo, a utilização de matérias-primas, resíduos e recursos naturais e os impactos na biodiversidade. O procedimento de marcação de aspectos é fundamental na medida em que ajuda a reconhecer a forma como as actividades, serviços e produtos da organização afectam o ambiente. Qualquer avaliação de riscos é um processo faseado que consiste em fases inter-relacionadas mas distintas. Assim, o contexto deve ser estabelecido primeiro, antes de se identificar o aspeto. O mesmo se aplica à fase de estimativa do risco, na medida em que esta não pode ser iniciada antes de terminada a fase de identificação do aspeto. Foram identificadas cinco fases de avaliação do risco, que são o estabelecimento do contexto, a identificação do risco, a estimativa do risco, a avaliação do risco e o controlo/resposta ao risco. As etapas nas secções seguintes destacam a ferramenta que foi utilizada para a identificação dos aspectos e avaliação do risco na envolvente, o caso de estudo.

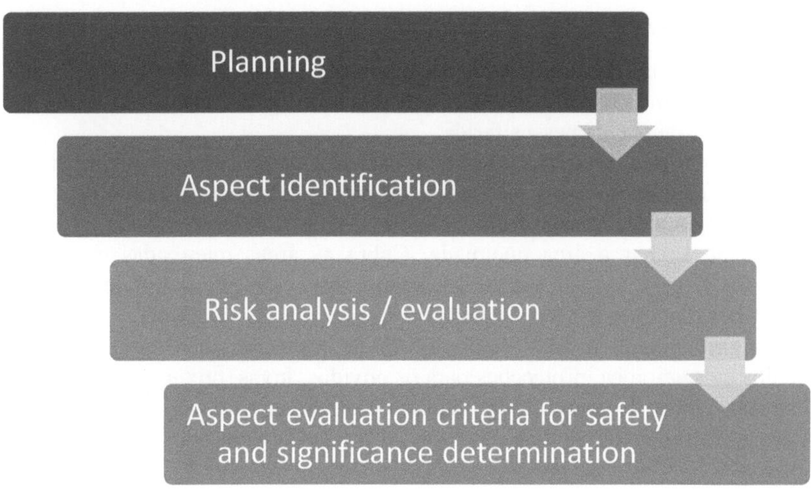

A Fig. 6 mostra a metodologia global utilizada para a análise de riscos devidos a perigos eléctricos.

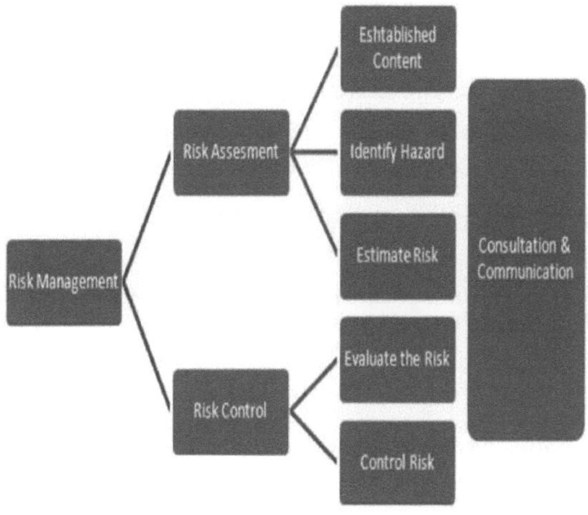

Fig.7 Metodologia utilizada para a análise de risco

3.2. **PREVENÇÃO**

1. Desligue a fonte de eletricidade. Se possível, utilize um objeto seco e não condutor, como cartão, plástico ou madeira, para afastar a fonte de eletricidade de si e da pessoa ferida.
2. Efetuar RCP (reanimação cardiopulmonar) se a pessoa não apresentar sinais de circulação, como respiração, tosse ou movimento. Certifique-se de que a pessoa ferida não fica com frio.
3. Não tente limpar a área queimada. Cubra as áreas queimadas com uma ligadura de gaze esterilizada ou um pano limpo. Não utilize um cobertor ou uma toalha, porque as fibras soltas podem aderir às queimaduras.
4. Usar corretamente o EPI (equipamento de proteção individual), ou seja, óculos de segurança, protecções para os ouvidos, luvas, protectores de couro, camisa e calças de manga comprida com proteção contra o arco elétrico, etc.
5. Formar corretamente os trabalhadores para lidarem com o arco elétrico ou a explosão.
6. O arco elétrico é muito perigoso até 6 metros, pelo que deve manter uma distância mínima de segurança.
7. Desligue qualquer equipamento elétrico quando o equipamento não estiver a ser utilizado.

3.3. DISPOSIÇÕES SISTEMÁTICAS PARA O CONTROLO DOS RISCOS ELÉCTRICOS

John J. Kolak abordou os aspectos ambientais e os impactos do risco elétrico necessários para sistematizar um planeamento elétrico eficiente. Um plano de ação eficaz, como a preparação de um esquema de controlo dos riscos após a análise dos registos anteriores, a preparação de orientações adequadas para a formação, a manutenção e a segurança operacional, ajudará a minimizar os riscos eléctricos. A Tabela 3 destacou os múltiplos aspectos para controlar os riscos eléctricos de forma sistemática.

QUADRO 3

Disposição sistemática para controlar os riscos eléctricos com as diretrizes de precaução

ASPECTO 1 ACÇÕES PROACTIVAS	Enquadramento do plano de acções proactivas
	Tipos de análise de perigos
	Esquema de controlo dos perigos
	Programar o plano de acções proactivas
ASPECTO 2 PREPARAÇÃO DA LINHA DIRECTRIZ PARA A	Conceber a tecnologia
	orientação Formação em matéria de

FORMAÇÃO E AVALIAÇÃO	segurança e proteção
	Formação especializada
	Ensaios e avaliação
	Reuniões
	Diretrizes para a recuperação de crises
	Consciência e orientação para o tratamento da situação
ASPECTO 3 REGISTA TODAS AS TRANSACÇÕES	Regras de segurança
	Práticas de funcionamento elétrico
	Planeamento de catástrofes
	Procedimentos específicos do equipamento
	Procedimentos de auditoria
ASPECTO 4 MANUTENÇÃO	Manutenção geral
	Manutenção eléctrica
	EPI
	Manutenção de ferramentas
ASPECTO 5 SEGURANÇA OPERACIONAL	Consciência e auto-disciplina
	Acompanhamento das medidas corretivas
	Inspecções
	Comunicação de perigos
	Segurança dos empreiteiros
ASPECTO 6 LIDERANÇA, PARTICIPAÇÃO E EMPENHAMENTO	Liderança e empenhamento da gestão
	Participação dos trabalhadores
	Papéis e responsabilidades
	Planeamento do desempenho
ASPECTO 7 MEDIDAS REACTIVAS	Investigação de acidentes
	Resposta de emergência

A segurança eléctrica é crucial para minimizar os riscos e prevenir os perigos em qualquer ambiente. A prevenção e a análise de riscos envolvem a identificação de potenciais perigos eléctricos, a implementação de medidas de segurança e a monitorização contínua dos sistemas para detetar sinais de falha. As principais práticas incluem a realização de avaliações de risco regulares, a adesão a protocolos de segurança, a manutenção do equipamento e a formação adequada do pessoal. Ao dar prioridade à segurança eléctrica e gerir proactivamente os riscos, as organizações podem proteger os trabalhadores, evitar acidentes e garantir o funcionamento seguro dos sistemas eléctricos. Esta abordagem abrangente ajuda a criar um ambiente de trabalho mais seguro e minimiza o potencial de incidentes relacionados com a eletricidade.

CAPÍTULO 4
ANÁLISE GLOBAL DOS RISCOS ELÉCTRICOS

4.1. ANÁLISE GLOBAL DOS RISCOS ELÉCTRICOS

O registo global de acidentes não mortais foi analisado na indústria privada dos EUA de 1992 a 2020. A figura 8 mostra as lesões não mortais ocorridas entre 1992 e 2020.

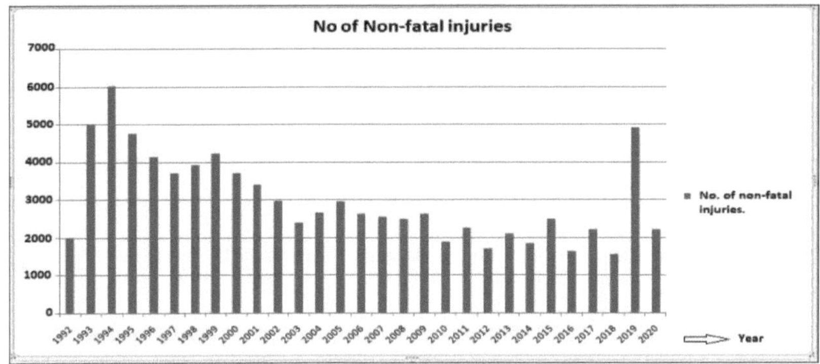

Fig. 8 Lesões eléctricas não fatais de 1992 a 2020

44% dos trabalhadores são afectados por acidentes mortais na construção e extração, 20% dos trabalhadores são afectados por acidentes mortais na instalação, manutenção e reparação, 13% dos trabalhadores são afectados por acidentes mortais na manutenção de edifícios e limpeza de terrenos, 6% e 3% dos trabalhadores são afectados, respetivamente, por transportes, movimentação de materiais e agricultura, pesca e silvicultura no ano de 2020, de acordo com o registo.

A Fig. 9, abaixo mencionada, mostra o total de mortes registadas na indústria privada dos EUA de 2011 a 2020.

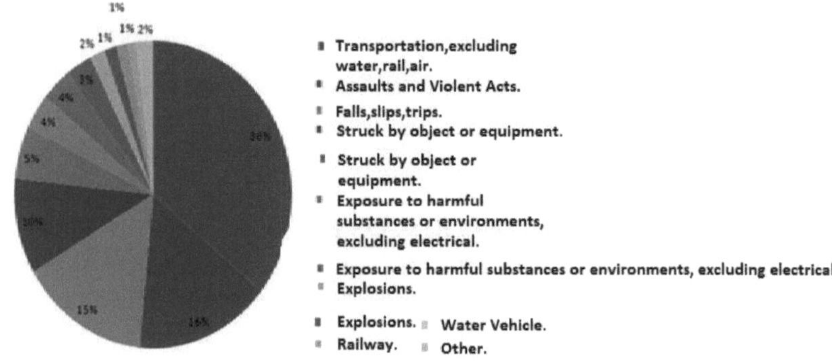

Fig.9 Estatísticas de ferimentos eléctricos mortais por evento, todos os proprietários 2003 - 2020

4.1.1. RELATÓRIO DE ANÁLISE GLOBAL SOBRE PESSOAS DE DIFERENTES IDADES

com base no ano de 2020, 7% das pessoas com idades compreendidas entre os 20 e os 24 anos são afectadas por lesões profissionais mortais causadas pela exposição à eletricidade, 33% das pessoas com idades compreendidas entre os 25 e os 34 anos são afectadas por lesões mortais, 21% das pessoas com idades compreendidas entre os 35 e os 44 anos são afectadas por lesões mortais, 18%, 17% e 5% das pessoas com idades compreendidas entre os 45 e os 54 anos, os 55 e os 64 anos e de outras idades são afectadas pelas mesmas lesões eléctricas mortais.

A Fig. 10 mostra o gráfico de pizza geral da vítima para fatalidades de diferentes grupos etários registadas na indústria privada dos EUA de 2011 a 2020.

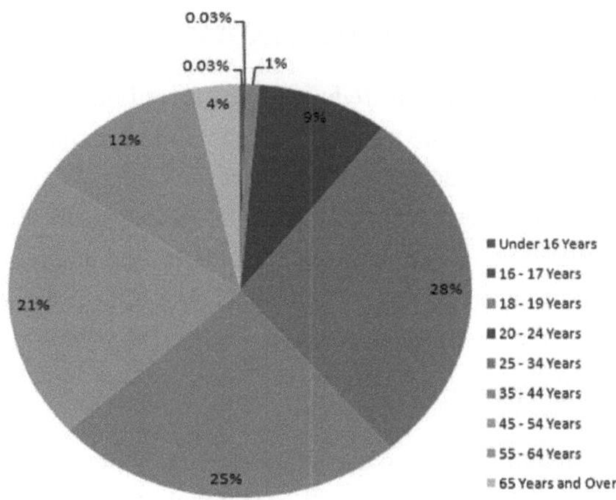

Fig. 10 Gráfico de pizza para idades entre menos de 16 anos e 65 anos ou mais

4.1.2. ANÁLISE GLOBAL DOS DIFERENTES LOCAIS DE TRABALHO

Considerando o relatório baseado no ano de 2020, 33% das lesões eléctricas fatais ocorreram em residências privadas, 31% das lesões ocorreram em locais e instalações industriais, 13% das lesões ocorreram em ruas e estradas e 14% das lesões eléctricas fatais ocorreram em quintas e outros locais, de acordo com o relatório do inquérito. A Fig. 11 mostra o gráfico de barras entre trabalhadores por conta de outrem, trabalhadores independentes e anos de 2011-2020

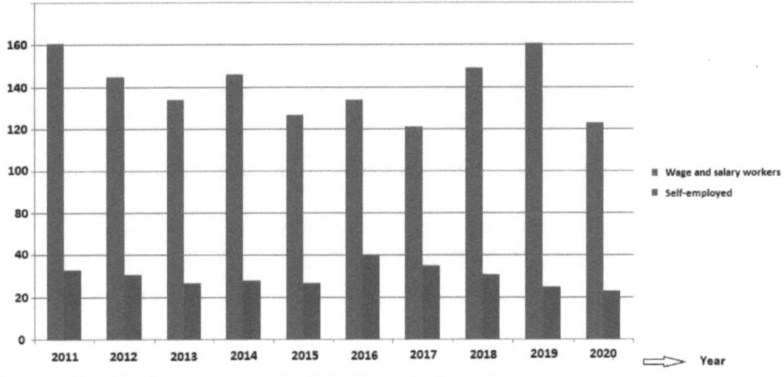

Fig.11 Gráfico de barras entre o salário e o vencimento dos trabalhadores de 2011-2020

4.2. RELATÓRIO ESTATÍSTICO DA ÍNDIA

A rede nacional indiana ou rede central foi dividida em cinco redes regionais, nomeadamente a rede do Norte, a rede do Sul, a rede do Leste, a rede do Oeste e a rede do Nordeste. Há várias razões para que a rede nacional indiana também sofra vários acidentes eléctricos, pelo que foi feita uma análise estatística no período de 2013 a 2021. Os dados da análise global foram recolhidos junto do Ministério da Energia do Governo da Índia, da Autoridade Central da Eletricidade.

4.2.1. REGIÃO OCIDENTAL

Os estados da região ocidental da Índia são basicamente Madhya Pradesh, Maharashtra, Gujarat, Goa, Chhattisgarh e Mumbai. Assim, de acordo com os dados do ano de 2013 a 2020 da Índia ocidental, foi mostrado na Fig. 12 que alguns detalhes associados às lesões eléctricas fatais e não fatais ocorreram na vida humana e animal.

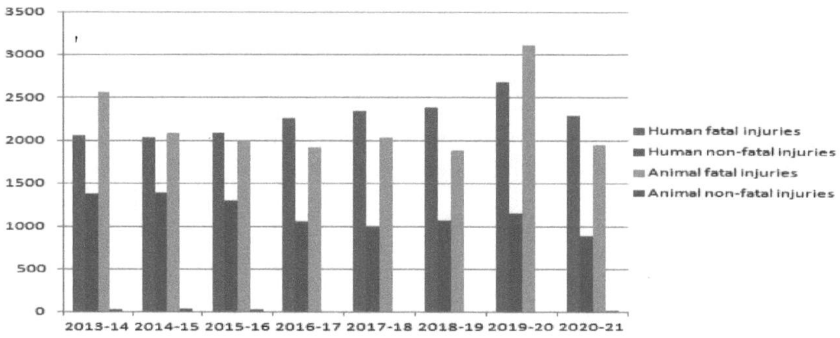

Fig.12 Lesões eléctricas fatais e não fatais de 2013 a 2021 na Região Oeste

Verificou-se que, no ano de 2019, o número de lesões fatais de seres humanos foi o maior, ou seja, 2676 casos e, no ano de 2014, as lesões elétricas fatais humanas foram as menores, ou seja, 2035 casos. No ano de 2014, as lesões eléctricas não mortais em seres humanos foram as mais elevadas, ou seja, 1390 casos e, no ano de 2020, as lesões eléctricas não mortais em seres humanos foram as menos elevadas, ou seja, 882 casos e os outros casos correspondentes em relação aos anos também foram observados. Lesões elétricas fatais e não fatais de animais também são mostradas, no ano de 2019 as lesões fatais de animais foram as mais, ou seja, 3111 casos e em 2018 as lesões fatais de animais que foram 1186 casos são as menos. E em 2014 as lesões não fatais de animais foram as mais e em 2016 foram as menos. Em 2015 os ferimentos não fatais de animais foram aproximadamente 179 casos e em 2016 e 2017 foram baixos.

Do mesmo modo, foram recolhidos os dados de outras redes regionais, como a região sul, a região nordeste, a região leste e a região norte, sobre lesões eléctricas fatais e não fatais e a análise global é apresentada nas figuras 12, 13, 14 e 15, respetivamente, num gráfico de barras.

4.2.2. REGIÃO SUL

Os Estados da região sul são basicamente Andhra Pradesh, Tamil Nadu, Kerala e Telangana. Assim, de acordo com os dados do ano de 2013 a 2020 do Sul da Índia, também foi observado na Figura 13. Alguns pormenores associados às lesões eléctricas fatais e não fatais ocorridas em seres humanos e animais.

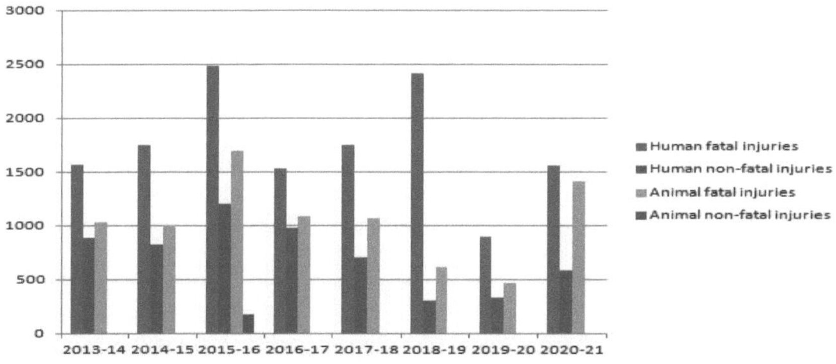

Fig.13 Lesões eléctricas fatais e não fatais de 2013 a 2021 na região Sul

4.2.3. REGIÃO NORDESTE

Os estados da região norte são Arunachal Pradesh, Assam, Manipur, Meghalaya, Mizoram, Nagaland, Sikkim e Tripura. Da mesma forma, a figura 14 do gráfico de barras mostra que, no ano de 2019, o número de lesões elétricas fatais de seres humanos foi o maior, ou seja, aproximadamente 158 casos e, no ano de 2016, 2017, 2018, as lesões elétricas fatais humanas foram as menos baixas. E no ano de 2020, as lesões elétricas não fatais humanas foram as mais, ou seja, 344 casos e, no ano de 2016, 2017, 2018, as lesões elétricas não fatais de humanos foram baixas. Outras lesões elétricas em relação aos anos também foram observadas. E as lesões elétricas fatais e não fatais de animais também são mostradas, no ano de 2019 as lesões fatais de animais foram de aprox. 48 casos e em 2016, 2017, 2018 as lesões fatais de animais foram baixas. E em 2019 os ferimentos não fatais de animais foram os mais e em 2015, 2016, 2017, 2018 foram os menos.

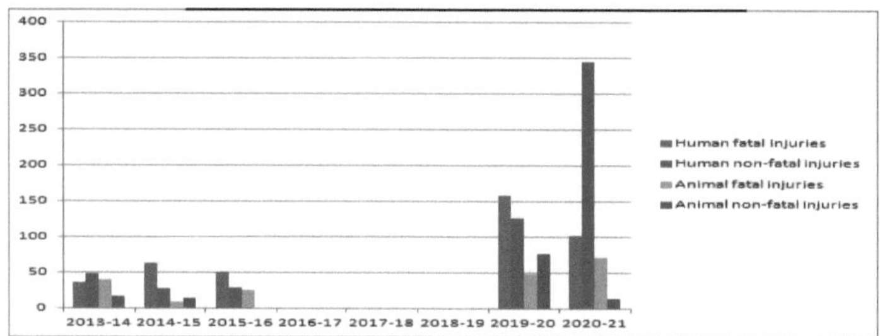

Fig.14 Lesões eléctricas fatais e não fatais de 2013 a 2021 na região do Nordeste

4.2.4 REGIÃO ORIENTAL

Os estados da região oriental são basicamente Bihar, Jharkhand, Odisha e Bengala Ocidental. Assim, de acordo com os dados do ano de 2013 a 2020 da Índia Oriental, foram também observados alguns pormenores associados às lesões eléctricas fatais e não fatais ocorridas em seres humanos e animais. A figura 15 mostra os anos e as correspondentes lesões eléctricas fatais e não fatais que ocorreram com os seres humanos e os animais.

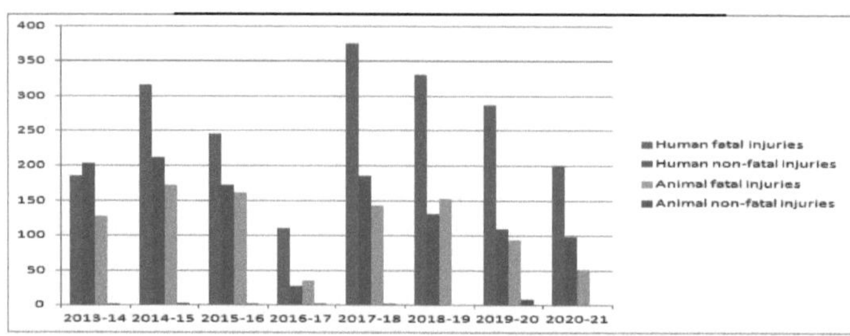

Fig.15 Lesões eléctricas fatais e não fatais de 2013 a 2021Estados da região leste

4.2.5 REGIÃO NORTE

Os Estados da região norte são Jammu e Caxemira, Himachal Pradesh, Punjab, Uttarakhand, Haryana, Deli, Rajasthan e Uttar Pradesh e UT Chandigarh.

A figura 16 mostra os anos e as correspondentes lesões eléctricas fatais e não fatais que ocorreram com os seres humanos e os animais.

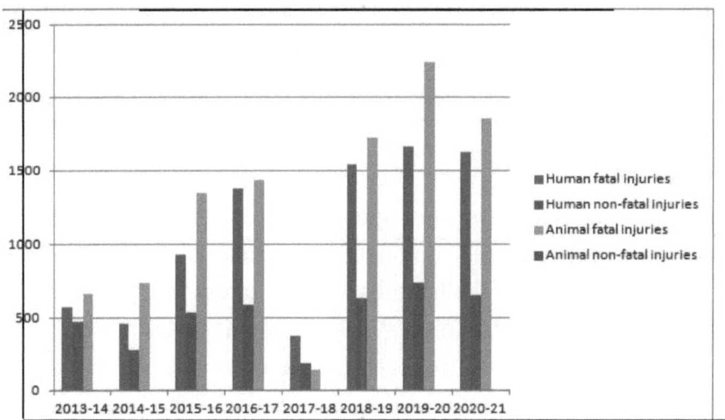

Fig. 16 Gráfico de barras de lesões eléctricas fatais e não fatais em 2013 a 2021 para os estados da região Norte

A segurança eléctrica é um aspeto crítico da segurança geral do local de trabalho, especialmente em ambientes onde os riscos eléctricos são predominantes. Uma abordagem eficaz à segurança eléctrica envolve uma análise minuciosa dos potenciais perigos, a aplicação consistente de medidas de segurança e uma gestão proactiva dos riscos. Isto inclui a manutenção adequada do equipamento, a utilização de equipamento de proteção individual, a adesão a protocolos de segurança, como o bloqueio/etiquetagem, e a formação regular dos funcionários. Ao integrar estas práticas, as organizações podem reduzir significativamente a probabilidade de choques eléctricos, incêndios, arcos voltaicos e falhas no equipamento. Em geral, um forte compromisso com a segurança eléctrica garante a proteção do pessoal, minimiza as interrupções operacionais e promove um ambiente de trabalho mais seguro e fiável.

CAPÍTULO 5

DESAFIOS RELACIONADOS COM OS RISCOS ELÉCTRICOS E OS TRABALHOS DE RECONSTRUÇÃO

5.1 INTRODUÇÃO

A atividade de reconstrução após a catástrofe tem várias razões. Inicialmente, a identificação da zona defeituosa pode afetar os trabalhadores. O ambiente seguro para os trabalhadores é uma tarefa muito importante para manter a zona livre de riscos. Muitas vezes, devido a terramotos ou calamidades naturais, tais como relâmpagos, trovoadas, fluxo de vento, etc., podem destruir a rede eléctrica, bem como actividades construtivas como a construção de estradas, trabalhos de reparação de cabos subterrâneos, etc., são também responsáveis pela criação de graves riscos eléctricos ou condições de apagão de energia. Após os riscos eléctricos, são necessárias actividades de reconstrução para mitigar a área defeituosa o mais cedo possível. Estas actividades de reconstrução são designadas por actividades pós-catástrofe. A segurança da reconstrução pós-catástrofe diz respeito principalmente ao trabalho de colaboração em fluxo. A segurança pós-catástrofe é uma atividade de colaboração em fluxo, que se designa por gestão de alto nível, gestão de nível médio e trabalhadores. A figura 17 separa os diferentes níveis de classificação dos trabalhos de reconstrução pós-catástrofe.

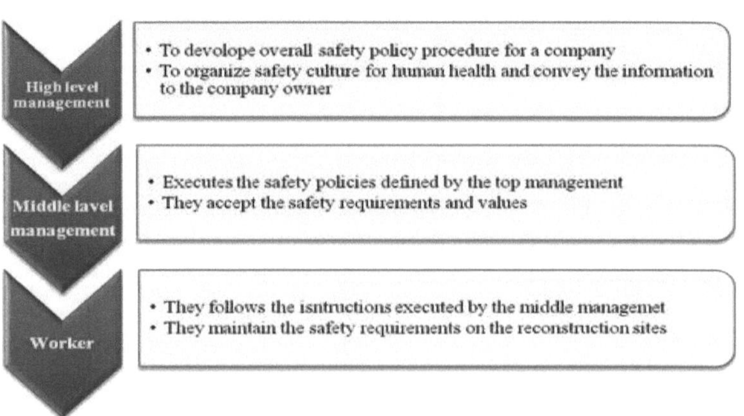

Fig. 17 Classificação da segurança da reconstrução pós-catástrofe

Cada nível de gestão foi controlado e definiu categorias de segurança [9] para os riscos eléctricos, os riscos estruturais, os riscos químicos, os riscos de CO e os riscos de incêndio no domínio elétrico. O quadro 4 menciona várias actividades de diferentes níveis de gestão do corpo e dos trabalhadores para atenuar os riscos eléctricos.

A atividade mais importante após a catástrofe é a limpeza da zona afetada. Os planos de gestão da segurança após a catástrofe podem reduzir muitos riscos. A primeira preocupação é consultar as empresas de serviços públicos antes da instalação de geradores de eletricidade, uma vez que isso pode reduzir os riscos de CO e de produtos químicos. O passo seguinte é identificar claramente e marcar as zonas perigosas para reduzir as electrocussões. As catástrofes podem destruir imediatamente as sociedades. Número de incêndios de origem eléctrica em Inglaterra em 2015 e 2016 15 432 incêndios foram causados por eletricidade (de um total de 28 350 incêndios) e 54,4% dos incêndios em Inglaterra foram causados por eletricidade. 80,5% foram causados por aparelhos e produtos (exclui não especificado no conjunto de dados brutos) e 18,9% foram causados por distribuição eléctrica (2.920). Os principais produtos envolvidos em incêndios eléctricos em aparelhos de cozinha foram a maior causa de incêndios em Inglaterra em 2015/16. A Fig. 18 abaixo mencionada mostra os incêndios eléctricos domésticos causados por equipamento elétrico em Inglaterra. (Dados essenciais de segurança eléctrica, 2016)

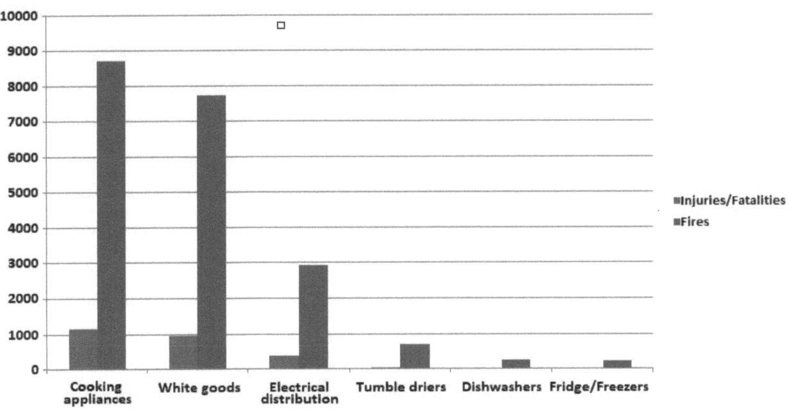

Fig. 18: Gráfico de barras para lesões causadas por incêndios eléctricos

QUADRO 4

Segregação da lista de responsabilidades para várias secções

Categorias	Responsabilidades [Alta Direção]	Responsabilidades [Gestão intermédia]	Responsabilidades [Trabalhador]
Elétrico Riscos	-Fornecer instruções normalizadas -Fornece equipamento de ensaio de baixa tensão	-Permitir apenas trabalhadores com formação adequada. -Inspecionar as linhas eléctricas antes de as reparar	-Nunca entrar em contacto direto com as linhas eléctricas -Deve verificar se as linhas eléctricas estão ou não cortadas -Nunca reparar qualquer equipamento elétrico sem proteção corporal adequada -Para ligar/desligar a alimentação eléctrica, utilizar uma ferramenta ou aparelhos eléctricos
Riscos estruturais	-Para evitar a segurança contra as quedas, prever um trabalho sólido	-Inspecionar e identificar a segurança das estruturas danificadas	-Inspecionar a estrutura que foi danificada na zona de reparação Afastar-se das estruturas danificadas que podem cair em qualquer altura
Riscos químicos	-Examinar os detritos e a água nas proximidades para detetar qualquer tipo de substâncias químicas -O ar circundante é igualmente examinado	-Se forem utilizados geradores ou compressores eléctricos, deve existir um sistema de ventilação	-Não deve fechar corretamente nenhuma área, deve haver ventilação suficiente
	-Disponibiliza detectores alimentados por pilhas,	-Ao utilizar geradores, os	-Nunca deixar geradores ou

32

Monóxido de carbono Riscos	que são verificados duas vezes por ano. Para a prevenção de qualquer tipo de incidente fatal, sensibilizar para a não utilização de geradores, propano ou gás natural ou aparelhos a carvão em espaços fechados. -Para fornecer o detetor de CO	detectores de CO alimentados por bateria são fornecidos -Nunca utilizar um gerador, uma máquina de lavar a pressão ou qualquer tipo de motor a gasolina numa área fechada	compressores em funcionamento na área fechada
Incêndio Riscos	-Estar preparado com um número adequado e suficiente de extintores de incêndio para avaliar o processo de evacuação.	-Examinar se alguma estrutura tem uma fuga de gás na área ventilada	-Todas as saídas de emergência e os extintores devem estar disponíveis e desimpedidos
Equipamento proteção			-Usar calçado de segurança -Usar auscultadores de proteção ou tampões de ouvido para proteção do som -Utilização de luvas de proteção, capacete e óculos durante a manutenção

1. Reparação ou substituição de equipamento elétrico danificado, cabos de alimentação eléctrica, etc.
2. Manter os aparelhos eléctricos afastados da água ou de qualquer tipo de superfície húmida para evitar choques eléctricos.
3. Evitar as tomadas de sobrecarga nos lares.
4. O equipamento não utilizado deve ser desligado da tomada quando não estiver a ser utilizado para evitar o sobreaquecimento.
5. Nunca utilize equipamento elétrico com uma potência inadequada.
6. Por outro lado, é necessário adotar vários protocolos de segurança para os trabalhos de reconstrução após a catástrofe.

7. De seguida, são mencionadas algumas dicas de segurança importantes para informar e consultar a empresa de serviços públicos antes de instalar qualquer gerador.

8. Dar formação adequada a todos os trabalhadores antes de os autorizar a reparar qualquer equipamento elétrico.

9. Nunca ligue ou desligue qualquer equipamento elétrico quando este estiver em contacto com água ou qualquer corpo condutor.

10. Antes de reparar qualquer linha eléctrica, usar sapatos, luvas, etc. de proteção. Certificar-se de que o gerador está desligado antes de voltar a abastecer.

5.2 PREVISÃO DE SEGURANÇA ELÉCTRICA EM VÁRIOS NÍVEIS DE TENSÃO

As consequências são múltiplas, desde uma pequena sensação de formigueiro até uma paragem cardíaca instantânea devido a choques eléctricos no espaço de um segundo. A dureza depende dos pontos subsequentes, como a capacidade de fluxo de corrente de um caminho, a duração do contacto do corpo com a linha em tensão, o nível de corrente, etc.

O quadro 1 destaca o registo de gravidade múltipla nos diferentes níveis de tensão, juntamente com as diretrizes de precaução. As normas e regulamentos indianos em matéria de eletricidade, se o nível de tensão ultrapassar o intervalo mencionado no quadro seguinte, pode provocar diferentes tipos de lesões eléctricas. Se a tensão ultrapassar os 250 volts, pode provocar um choque elétrico, o que é perigoso porque pode causar eletrocussão e lesões mortais, mesmo que não haja sinais visíveis de lesões externas. De acordo com a investigação da Organização Mundial de Saúde, se os níveis de tensão excederem 33000 volts, podem causar insónia, ansiedade, dores de cabeça, queimaduras na pele, fadiga e dores musculares devido às radiações das linhas eléctricas de alta tensão. A Tabela 5 aborda algumas das diretrizes de precaução para multiplicar as lesões nos diferentes níveis de tensão.

Algumas das questões relacionadas com a segurança eléctrica são graves para a indústria transformadora ou para outros locais de trabalho nos EUA, onde se perdem vidas devido a acidentes que poderiam ter sido evitados com uma formação adequada e com a vigilância dos riscos no local de trabalho. É necessário abordar alguns passos no sentido de uma avaliação da segurança eléctrica nas indústrias de RMG para melhorar os riscos eléctricos. É elaborada uma metodologia de segurança para o planeamento de auditorias que ajuda a minimizar o custo da energia e também a considerar uma produção melhorada, melhor qualidade, maior lucro e, mais importante, a satisfação de se dirigir para o desenvolvimento de riscos eléctricos.

QUADRO 5

Detalhes e diretrizes sobre as lesões

Sinopse de segurança	Gama	Lesões	Precauções	EPIs a serem utilizados
Baixa Tensão	Não exceder 250V	Choque elétrico, eletrocussão e lesões mortais	Sapatos de segurança, capacete, óculos de proteção	8,5 ~ 9 Calorias /cm2 ATPV Fato de proteção contra arco elétrico LV, 12 Calorias /cm 2 ATPV Luvas de mão, 12 Calorias /cm 2 ATPV Escudo facial contra arco elétrico
Alta tensão	Não exceder 33000V	Insónia, ansiedade, dores de cabeça, queimaduras na pele, fadiga e dores musculares	Sapatos de segurança, capacete, óculos de proteção, Casaco de dupla camada, luvas de mão (interior e exterior), capacete está incluído no kit de casaco HT kool)	40 Calorias/ cm2 ATPV HT Kool coat

Os trabalhos de reconstrução colocam desafios únicos relacionados com riscos eléctricos, incluindo infra-estruturas danificadas, fios expostos ou sob tensão e ambientes de trabalho imprevisíveis. A complexidade destas condições aumenta o risco de choques eléctricos, arcos voltaicos, falhas de equipamento e incêndios, tornando a segurança eléctrica uma preocupação fundamental. Os principais desafios incluem avaliações inadequadas do local, acesso limitado a equipamento de segurança, formação insuficiente e a natureza dinâmica dos locais de reconstrução, onde os perigos podem mudar rapidamente.

Enfrentar estes desafios requer uma abordagem proactiva que enfatize o planeamento minucioso, a identificação de perigos, a mitigação de riscos e a sensibilização contínua para a segurança. A implementação de protocolos de segurança rigorosos, como inspecções regulares, ligação à terra adequada, utilização de EPI e comunicação eficaz, é essencial. Ultrapassar estes desafios é vital para proteger os trabalhadores, garantir a conformidade regulamentar e manter práticas de reconstrução seguras. Em última análise, dar prioridade à segurança eléctrica nos trabalhos de reconstrução não só evita acidentes, como também apoia a conclusão eficiente e bem sucedida do projeto.

Capítulo 6
Sensibilização e Risco Elétrico nos Trabalhos de Reconstrução

---

6.1 Introdução

Consciência significa uma pessoa que tem a formação, a competência, o conhecimento adequados sobre a tarefa e a forma de evitar qualquer tipo de lesão para si e para os outros. Muitos utilizadores de eletricidade não estão bem informados ou sensibilizados para os riscos da eletricidade e para as medidas de segurança. Para evitar esta situação, as pessoas têm recebido formação adequada e estão sensibilizadas para os riscos no local de trabalho. Melhorar os métodos de formação activados e interactivos para a formação em segurança eléctrica de todos os trabalhadores da construção civil e reduzir os acidentes e as mortes causadas por choques eléctricos. As simulações em ambiente virtual (VE) são utilizadas principalmente para uma formação de segurança bem sucedida no sector da construção. Esta formação melhora a capacidade psicológica e a consciencialização, o que, de um modo geral, melhora a capacidade de acolhimento do material de formação. O principal objetivo deste estudo é avaliar o nível de sensibilização para os riscos eléctricos e para as medidas de segurança no sector da eletricidade em todo o mundo.

1. Aumentar a sensibilização para melhorar o potencial de riscos eléctricos.
2. Pensar de forma a eliminar, remover e prevenir os riscos eléctricos no local de trabalho.
3. Ter alguns conhecimentos sobre acidentes eléctricos.
4. Nunca puxar uma ficha pelo fio.
5. Não se aproxime de cabos eléctricos partidos.

Os utilizadores de eletricidade estão conscientes dos seguintes riscos eléctricos, tais como (i) danos nos aparelhos e equipamentos eléctricos e (ii) instalação eléctrica inadequada não estão conscientes dos seguintes riscos eléctricos.

1. Circuito e equipamento não ligados à terra.
2. Cabos de extensão em espiral.
3. Orifícios de ventilação tapados no equipamento elétrico.

A sensibilização para as medidas de segurança foi seguida de algumas medidas a tomar e a não tomar pelos utilizadores de eletricidade.

QUADRO 6

O que fazer e o que não fazer pelos utilizadores de eletricidade

O que fazer	O que não fazer
Isolamento elétrico adequado	Cabo de extensão não enrolado no tambor.
Como tratar uma vítima de choque elétrico	Ranhuras não cobertas de máquinas e equipamentos eléctricos.

6.2 ORIENTAÇÕES DE SEGURANÇA DA RCD PARA A SENSIBILIZAÇÃO PARA A SEGURANÇA

A forma completa de RCD é Dispositivo de Corrente Residual. Algumas diretrizes de segurança foram mencionadas pelo RCD para proteção da segurança na indústria comercial, agrícola e residencial. Se o equipamento estiver a funcionar a 230 volts ou a mais de 230 volts, deve ser utilizado um dispositivo de corrente residual para proporcionar segurança adicional ao equipamento. O dispositivo RCD utiliza corrente residual para o seu funcionamento a 30 mA ou menos, oferecendo muitas protecções contra os riscos eléctricos da interação com peças sob tensão. Um RCD é um dispositivo que pode detetar algumas falhas, mas não pode detetar todos os tipos de falhas no sistema elétrico e desliga imediatamente a fonte de alimentação. O melhor local para instalar um RCD é no quadro elétrico principal ou na tomada de corrente, utilizando o dispositivo RCD podemos proteger permanentemente os cabos de alimentação. Existem várias razões para a ocorrência de uma avaria, incluindo (i) manutenção incorrecta, (ii) falha de isolamento, (desgaste natural) (iii) descuido (iv) imersão em água e (v) toque não intencional. Este dispositivo de disparo rápido identifica as correntes residuais para a terra e separa automaticamente a alimentação eléctrica, a fim de proteger vidas humanas ou animais. As diretrizes relativas aos RCD são mencionadas a seguir:
1. Um RCD é um dispositivo de segurança útil. Nunca deve ser contornado.
2. Se disparar, indica que existe uma avaria, pelo que é necessário verificar o sistema antes de o voltar a utilizar.

3. Se disparar intermitentemente e não for possível detetar qualquer falha no sistema, contacte o fabricante do RCD e o RCD tem um botão de teste para verificar se o seu mecanismo está livre e a funcionar.

6.3 TÉCNICAS DE RECOMENDAÇÃO E SALVAMENTO EM CASO DE PERIGO E SEGURANÇA

Torna-se necessário abordar algumas técnicas de recomendações eléctricas que são mencionadas a seguir:

1. Todos os utilizadores de eletricidade devem ser avisados pelo Governo, pelas ONG, pelos fornecedores de energia eléctrica e pelos fabricantes de produtos eléctricos, apenas para fins perigosos, para saberem sobre a utilização da eletricidade através da televisão, da rádio, de cartazes, de notícias e de outros meios de comunicação.

2. Os utilizadores de eletricidade devem ser bem informados sobre as medidas de segurança que ajudarão a proteger as vidas e os bens dos utilizadores de eletricidade através de cartazes de segurança, notícias e outros meios de comunicação.

Algumas das técnicas de socorro elétrico são mencionadas a seguir:

1. **Aproximar-se do local do acidente**: Nunca se dirigir diretamente para o local do acidente. Chamar imediatamente os membros da equipa médica o mais cedo possível. Se possível, recorrer à ajuda de pessoal especializado em eletricidade. Aproximar-se do local do acidente com cuidado.

2. **Examinar o ambiente:** Examinar virtualmente as vítimas para determinar se estão em contacto com os condutores energizados. As superfícies metálicas, os objectos próximos da vítima ou a própria terra podem estar sob tensão. O utilizador pode tornar-se vítima se tocar numa vítima ou superfície condutora energizada. Não toque na vítima ou nas superfícies condutoras enquanto elas estiverem energizadas. Se for possível, desenergizar os circuitos eléctricos.

3. **Saber como desenergizar:** Um cabo de extensão ou um cabo de alimentação fornece energia ao equipamento elétrico compacto. Desligar o equipamento elétrico compacto para retirar a energia. Deve-se abrir um circuito de corte ou um disjuntor para desenergizar o equipamento elétrico fixo.

No quadro 7 são apresentados alguns equipamentos de proteção necessários para a segurança geral das partes do corpo humano, a fim de evitar os riscos eléctricos no local de trabalho.

QUADRO 7

Equipamento de proteção para as diferentes partes do corpo

Parte do corpo	Proteção do equipamento	Parte do corpo	Proteção do equipamento
Olho	Óculos de proteção	Mãos	Luvas
Cabeça	Capacete de proteção	Sistema respiratório	Máscaras e respiradores
Rosto	Proteção facial	Corpos	Coletes

6.4 PLANEAMENTO DE ESTRATÉGIAS GLOBAIS

Uma pesquisa bibliográfica de várias publicações sobre riscos eléctricos e estratégias de segurança foi classificada em diferentes divisões. Várias abordagens de investigação são descritas na Tabela 8.

QUADRO 8

Pesquisa bibliográfica sobre riscos eléctricos e proteção de segurança existentes

Sl n	Categorias	Papel não
1	Segurança eléctrica	[1,8,18,25,29-31]
2	Segurança da reconstrução pós-catástrofe	[9,20]
3	Os efeitos dos riscos eléctricos	[7]
4	Sensibilização para os riscos de segurança eléctrica	[14-16,19]

QUADRO 9

Resumo dos estudos anteriores relacionados com a aplicação do programa Solving the electrical hazard nos últimos anos

Referências	Técnica de otimização	Objetivo
Dong Zhao et al [16]	Uma análise do sector da construção	Medidas de controlo dos riscos eléctricos

M. Chakrabarty et al [5]	Um algoritmo de partição interativo baseado na crise de energia eléctrica considerando a condição pós-desastre	restabelecimento do serviço com os recursos existentes de arranque livre, tendo em conta a prioridade da carga
Moja et al [24]	avaliação dos riscos ambientais no sector da eletricidade	Identificação dos aspectos e avaliação dos riscos ambientais
Zhao et al [26]	Simulação de realidade virtual	promoção da segurança na construção
Hossain et al [27]	Avaliação nas indústrias de RMG	Desenvolvimento de riscos eléctricos
Abdel-Sayed et al [28]	Terapias celulares para a regeneração da pele	Terapias celulares para a regeneração da pele
Floyd, L et al [32]		Segurança da eletricidade doméstica

A sensibilização para a segurança eléctrica é crucial no trabalho de reconstrução, onde o risco de perigos eléctricos é frequentemente aumentado devido a infra-estruturas danificadas, cablagem exposta e condições imprevisíveis. Garantir a segurança nestes ambientes requer uma abordagem abrangente que inclui a identificação de potenciais perigos eléctricos, a realização de avaliações de risco completas e a implementação de medidas de segurança rigorosas. Os trabalhadores devem receber formação para reconhecerem os perigos eléctricos, utilizarem equipamento de proteção individual adequado e seguirem os protocolos de segurança estabelecidos, como os procedimentos de bloqueio/etiquetagem.

A sensibilização e a aplicação de normas de segurança são fundamentais para evitar acidentes, como choques eléctricos, queimaduras e incêndios, que são comuns em ambientes de reconstrução. Um compromisso com a segurança eléctrica não só protege os trabalhadores, como também garante a conclusão bem sucedida e segura dos projectos de reconstrução

CAPÍTULO-7
ABORDAGEM DE RECONFIGURAÇÃO DA REDE PARA SUPERAR OS RISCOS ELÉCTRICOS

7.1 ABORDAGENS DE RECONFIGURAÇÃO DA REDE PARA SUPERAR OS RISCOS ELÉCTRICOS

A reconfiguração da rede pode ser uma abordagem estratégica para ultrapassar os riscos eléctricos nos sistemas de distribuição de energia. Os riscos eléctricos, tais como curto-circuitos, sobrecargas, falhas de equipamento e falhas de arco, representam riscos significativos para a fiabilidade, segurança e pessoal do sistema. Através de uma reconfiguração cuidadosa da rede, os operadores podem atenuar estes riscos, aumentar a segurança do sistema e melhorar a eficiência operacional global. Algumas abordagens de reconfiguração da rede para superar os riscos eléctricos são abordadas a seguir:

Isolamento e restauração de falhas:

1. **Abordagem:** A reconfiguração envolve a rápida identificação dos locais de falha e o seu isolamento através da abertura ou fecho de seccionadores e interruptores de ligação.
2. **Perigo superado:** Isto evita danos adicionais no equipamento, reduz o risco de incêndio e minimiza as áreas de paragem, aumentando a segurança do pessoal e do público.

Balanceamento de carga e prevenção de sobrecarga:

1. **Abordagem:** Reconfigurar a rede para distribuir a carga uniformemente pelos alimentadores e transformadores, evitando a sobrecarga de componentes específicos.

1. **Perigo superado:** Reduz a probabilidade de sobreaquecimento, falha do equipamento e potenciais riscos de incêndio associados à sobrecarga.

Regulação e estabilidade da tensão:

1. **Abordagem:** A reconfiguração pode ajustar a rede para manter níveis óptimos de tensão em todas as partes do sistema.
2. **Superação de perigos:** Evita quebras e picos de tensão, que podem danificar o equipamento e criar condições de funcionamento pouco seguras para dispositivos sensíveis.

Redução do risco de arco elétrico:

1. **Abordagem:** Ao ajustar dinamicamente a topologia da rede, a reconfiguração pode reduzir os níveis de corrente de defeito em pontos críticos, diminuindo assim a energia potencial dos flashes de arco.
2. **Perigo superado:** Reduz a gravidade dos incidentes de arco elétrico, protegendo o pessoal que trabalha perto de equipamento elétrico.

Minimização de percursos de correntes de defeito elevadas:

1. **Abordagem:** Reconfiguração da rede para desviar ou limitar as correntes de falha das áreas críticas ou sensíveis da rede.
2. **Superação de perigos:** Evita correntes de defeito excessivas que podem provocar danos no equipamento, incêndios e riscos de segurança.

Proteção melhorada contra falhas de terra:

1. **Abordagem:** A reconfiguração da rede pode facilitar estratégias de ligação à terra melhoradas, alterando os caminhos da corrente para garantir uma dissipação mais eficaz da corrente de defeito à terra.
2. **Superação de riscos:** Melhora o funcionamento dos dispositivos de proteção e reduz o potencial de contacto, diminuindo o risco de choque elétrico.

Melhorar a coordenação dos dispositivos de proteção:

1. **Abordagem:** Ajustar a configuração da rede para garantir que os dispositivos de proteção, tais como relés, disjuntores e fusíveis, estão corretamente coordenados.
2. **Perigo superado:** Assegura que apenas a secção defeituosa é isolada durante um incidente, evitando interrupções desnecessárias e reduzindo o stress do equipamento.

Monitorização em tempo real e reconfiguração adaptativa:

1. **Abordagem:** Utilizar tecnologias de redes inteligentes e dados em tempo real para reconfigurar a rede de forma adaptativa com base nas condições actuais do sistema.
2. **Superação de perigos:** Proporciona uma atenuação proactiva do perigo, ajustando dinamicamente o sistema para evitar condições perigosas antes que estas se agravem.

Desconexão selectiva durante condições extremas:

1. **Abordagem:** Reconfigurar para desligar seletivamente partes da rede em condições meteorológicas extremas (por exemplo, tempestades, ventos fortes) para evitar danos no equipamento e reduzir os riscos.
2. **Perigo superado:** Minimiza o risco de incêndio ou eletrocussão devido a linhas eléctricas caídas.

Benefícios da reconfiguração na atenuação de riscos

I. **Segurança melhorada:** Reduz o risco de falhas perigosas e minimiza a exposição a riscos eléctricos.
II. **Melhoria da fiabilidade do sistema:** Ao evitar danos, a reconfiguração aumenta a fiabilidade da fonte de alimentação.
III. **Recuperação mais rápida:** As falhas são isoladas rapidamente, permitindo um restabelecimento mais rápido do serviço e a redução do tempo de inatividade.
IV. **Proteção da infraestrutura:** Ajuda a evitar danos dispendiosos no equipamento e prolonga a vida útil dos componentes da rede.

A reconfiguração da rede é uma abordagem eficaz para gerir os riscos eléctricos nos sistemas de energia, com vários méritos e deméritos, dependendo da técnica específica utilizada. Segue-se uma panorâmica das principais abordagens, destacando as suas vantagens e desvantagens.

1. Isolamento de falhas e restabelecimento do serviço

Abordagem: Isola as secções em falha através da reconfiguração dos interruptores, restabelecendo rapidamente a energia nas áreas não afectadas.

Méritos:

I. **Minimiza a duração da interrupção:** Restabelece rapidamente a energia para a maioria dos clientes, melhorando a fiabilidade do sistema.
II. **Reduz os danos no equipamento:** Evita mais falhas ao isolar a secção afetada.
III. **Melhora a segurança:** Reduz o risco de exposição a equipamento com defeito sob tensão.

Deméritos:

I. **Complexidade das operações de comutação:** As múltiplas operações de comutação aumentam a complexidade e a possibilidade de erros.

II. **Impacto inicial de falha elevada:** Antes do isolamento, o impacto inicial da falha pode ainda causar stress no equipamento.

III.**Potencial de descoordenação:** Os erros de localização de falhas podem levar a um isolamento incorreto, causando mais riscos.

2. Balanceamento de carga e prevenção de sobrecarga

Abordagem: Distribui as cargas uniformemente pela rede para evitar a sobrecarga de alimentadores e transformadores.

Méritos:

I. **Evita o sobreaquecimento:** Reduz o risco de falha do equipamento e o perigo de incêndio devido a sobrecarga.

II. **Melhoria da estabilidade do sistema:** Equilibra a carga, conduzindo a uma melhor regulação da tensão e a perdas reduzidas.

III.**Optimiza a utilização dos activos:** Prolonga a vida útil de transformadores e cabos.

Deméritos:

I. **Requisitos de reconfiguração complexos:** Requer uma análise exacta do fluxo de carga, que pode ser computacionalmente intensiva.

II. **Problemas de estabilidade transitória:** A reconfiguração pode causar instabilidade transitória se não for corretamente gerida.

III.**Interrupções temporárias do serviço:** As acções de compensação podem causar interrupções de serviço a curto prazo.

3. Regulação e estabilidade da tensão

Abordagem: Altera a topologia da rede para manter níveis óptimos de tensão, assegurando a estabilidade do sistema.

Méritos:

I. **Melhora a qualidade da energia:** Mantém a tensão dentro de limites seguros, protegendo o equipamento sensível.

II. **Reduz as flutuações de tensão:** Evita quebras e picos de tensão que podem danificar dispositivos e criar riscos de segurança.

III. **Melhora o desempenho do sistema:** Assegura o funcionamento eficiente do equipamento e das cargas.

Deméritos:

I. **Requer monitorização constante:** São necessários ajustes contínuos, que exigem sistemas de controlo sofisticados.
II. **Pode levar a oscilações de tensão não intencionais:** Uma reconfiguração incorrecta pode agravar a instabilidade da tensão.
III. **Custos de implementação elevados:** Implica investimentos significativos em tecnologia avançada de controlo e monitorização.

4. Redução do risco de arco elétrico

Abordagem: Reconfigura a rede para reduzir os níveis de corrente de falha, minimizando o risco de arco voltaico.

Méritos:

I. **Protege o pessoal:** Diminui a energia do arco elétrico, reduzindo o risco de lesões para os trabalhadores da manutenção.
II. **Melhora a longevidade do equipamento:** Diminui o impacto de falhas de alta energia nos componentes do sistema.
III. **Em conformidade com as normas de segurança:** Ajuda a cumprir os requisitos regulamentares para proteção contra arco elétrico.

Deméritos:

I. **Âmbito limitado:** Pode não ser suficiente para correntes de defeito muito elevadas; são frequentemente necessárias medidas de proteção adicionais.
II. **Implementação dispendiosa:** Requer tecnologias avançadas de proteção e reconfiguração.
III. **Maior complexidade:** É necessária uma coordenação cuidadosa para evitar impactos negativos no funcionamento do sistema.

5. Minimização dos percursos de correntes de defeito elevadas

Abordagem: Ajusta a configuração da rede para desviar ou limitar as correntes de falha elevadas para longe das áreas críticas.

Méritos:

I. **Evita danos no equipamento:** Reduz a tensão nos disjuntores, transformadores e outros dispositivos.
II. **Melhora a segurança:** Reduz o potencial de condições de falha perigosas.
III.**Melhora o desempenho do dispositivo de proteção:** Assegura que os dispositivos de proteção funcionam dentro de parâmetros seguros.

Deméritos:

I. **Desafios de coordenação:** A reconfiguração deve ser cuidadosamente gerida para evitar consequências indesejadas nos sistemas de proteção.
II. **Complexidade operacional:** Requer ajustes constantes à medida que os padrões de carga e geração mudam.
III.**Pode comprometer a redundância:** As correntes de desvio podem por vezes afetar a redundância e a fiabilidade do sistema.

6. Monitorização em tempo real e reconfiguração adaptativa

Abordagem: Utiliza tecnologias de rede inteligente para reconfigurar adaptativamente a rede com base em dados em tempo real.

Méritos:

I. **Mitigação proactiva de riscos:** Ajusta as configurações para evitar problemas antes que eles ocorram.
II. **Maior flexibilidade do sistema:** Permite uma adaptação rápida a condições variáveis, como picos de carga ou falhas.
III.**Melhora a eficiência geral do sistema:** Optimiza o desempenho da rede de forma dinâmica, reduzindo as perdas.

Deméritos:

I. **Custos de implementação elevados:** Requer investimento em sensores, infra-estruturas de comunicação e sistemas de controlo avançados.
II. **Riscos de cibersegurança:** O aumento da dependência de sistemas digitais pode expor a rede a ciberameaças.
III.**Integração de sistemas complexos:** A integração de dados em tempo real e de sistemas de controlo pode ser um desafio.

Resumo

- **Méritos:** A reconfiguração da rede melhora a segurança, a fiabilidade e a eficiência, atenuando vários riscos eléctricos através da otimização das condições do sistema e do reforço das medidas de proteção.
- **Desvantagens:** Os desafios incluem custos elevados, complexidade do sistema, problemas de coordenação e a possibilidade de consequências indesejadas se a reconfiguração não for executada corretamente.

A instalação de dispositivos eléctricos é, de facto, crucial para a abordagem de reconfiguração da rede para superar os riscos eléctricos. Estes dispositivos melhoram a segurança, a fiabilidade e a eficiência dos sistemas de distribuição de energia, desempenhando um papel essencial na gestão dinâmica e na atenuação dos riscos associados aos perigos eléctricos.

Dispositivos eléctricos essenciais para a reconfiguração da rede para ultrapassar os riscos eléctricos

Interruptores e religadores inteligentes:

Função: Os comutadores e religadores inteligentes podem detetar automaticamente as falhas e isolar as secções em falha, permitindo uma rápida reconfiguração da rede.

Vantagens: Isola rapidamente as falhas, reduzindo o risco de incêndios eléctricos e danos no equipamento. Aumenta a capacidade do sistema para restabelecer prontamente a energia nas áreas não afectadas.

Perigos atenuados: Curtos-circuitos, sobrecargas e propagação de falhas.

Relés de proteção:

Função: Os relés de proteção monitorizam os parâmetros eléctricos e coordenam com os disjuntores para desligar as secções em falha.

Vantagens: Melhora a precisão da deteção de avarias e assegura a desconexão atempada do equipamento avariado. Aumenta a seletividade do sistema, assegurando que apenas a área afetada é isolada.

Riscos atenuados: Riscos de sobrecorrente, falhas de terra e arco elétrico.

Disjuntores e fusíveis:

Função: Os disjuntores e os fusíveis desligam automaticamente os circuitos quando é detectada uma corrente excessiva, protegendo o equipamento e o pessoal.

Vantagens: Fornece proteção primária contra sobreintensidades e curto-circuitos. Ajuda a evitar incêndios eléctricos e danos graves no equipamento.

Riscos atenuados: Sobrecargas, curto-circuitos e correntes de defeito.

Reguladores de tensão e condensadores:

Função: Os reguladores de tensão e os condensadores gerem os níveis de tensão na rede, assegurando um funcionamento estável.

Benefícios:

Mantém a tensão dentro de limites seguros, protegendo os dispositivos ligados contra danos. Melhora a qualidade da energia e reduz as subidas e descidas de tensão.

Riscos mitigados: Sobretensão, subtensão e instabilidade da tensão.

Protectores contra sobretensões e para-raios:

Função: Estes dispositivos protegem a rede contra sobretensões transitórias causadas por descargas atmosféricas ou sobretensões de comutação.

Vantagens: Protege o equipamento sensível contra danos provocados por picos de tensão. Reduz o risco de rutura do isolamento e de incêndio.

Perigos atenuados: Falhas no equipamento relacionadas com sobretensões e incêndios eléctricos.

Limitadores de corrente de defeito:

Função: Estes dispositivos limitam a magnitude das correntes de defeito, protegendo a rede de uma energia de defeito excessiva.

Vantagens: Reduz o potencial de danos graves no equipamento e incidentes de arco elétrico. Melhora a coordenação dos dispositivos de proteção.

Riscos atenuados: Correntes de defeito elevadas e riscos de arco elétrico.

Interruptores de circuito de falha de terra (GFCIs):

Função: Os GFCIs detectam falhas de terra e interrompem o circuito para evitar choques eléctricos.

Vantagens: Proporciona uma proteção crítica em áreas onde o pessoal corre o risco de sofrer choques eléctricos. Reduz o risco de perigos eléctricos em ambientes húmidos ou molhados.

Riscos atenuados: Choques eléctricos e falhas à terra.

Infraestrutura de medição avançada (AMI):

Função: Os sistemas AMI fornecem capacidades de monitorização e controlo em tempo real, permitindo a reconfiguração dinâmica da rede.

Vantagens: Facilita a deteção rápida de condições anormais e optimiza o processo de reconfiguração. Melhora o desempenho e a fiabilidade globais do sistema.

Riscos atenuados: Sobrecargas, desvios de tensão e gestão de falhas em tempo real.

Sistemas de controlo de supervisão e de aquisição de dados (SCADA):

Função: Os sistemas SCADA fornecem monitorização e controlo centralizados da rede eléctrica, permitindo aos operadores reconfigurar a rede à distância.

Vantagens: Aumenta a consciência situacional e permite uma resposta rápida a perigos eléctricos. Permite a gestão proactiva de falhas e condições da rede.

Perigos atenuados: Propagação de falhas, instabilidade do sistema e erro manual em condições perigosas.

Méritos da instalação de dispositivos eléctricos para reconfiguração

I. **Segurança melhorada:** Reduz o risco de perigos eléctricos, fornecendo proteção e resposta imediatas.

II. **Fiabilidade melhorada:** Os dispositivos ajudam a manter uma fonte de alimentação estável e contínua, minimizando o tempo de inatividade.

III. **Gestão eficiente dos riscos:** Isola e gere rapidamente as falhas, evitando que se transformem em problemas de segurança mais significativos.

IV. **Suporte para reconfiguração dinâmica:** Permite ajustes em tempo real às condições da rede, melhorando a adaptabilidade e a resiliência.

Deméritos e desafios

I. **Elevados custos de instalação e manutenção:** A instalação e manutenção de dispositivos de proteção e sistemas de monitorização avançados podem ser dispendiosas.

II. **Integração complexa:** A incorporação de novos dispositivos na infraestrutura existente pode exigir actualizações e coordenação substanciais.

III. **Riscos de cibersegurança:** O aumento da utilização de controlos digitais e de redes de comunicação introduz potenciais vulnerabilidades.

IV. **Requisitos de formação:** O pessoal necessita de formação especializada para operar e manter corretamente os dispositivos avançados.

Estes dispositivos são indispensáveis para os sistemas de energia modernos, melhorando a capacidade global de gerir e atenuar eficazmente os riscos eléctricos.

Estas abordagens garantem que os sistemas eléctricos funcionam de forma segura e eficiente, minimizando os riscos para o pessoal e para as infra-estruturas.

Esta revisão foi seguida de caraterísticas distintas:
1. O primeiro é o problema de despacho, de custo mínimo e de transacções com desvio mínimo, formulado com duas funções objetivo diferentes.
2. Em segundo lugar, o desenvolvimento de uma solução óptima para o fluxo de energia é incorporado nos dispositivos FACTS, que estão a ser comercializados.

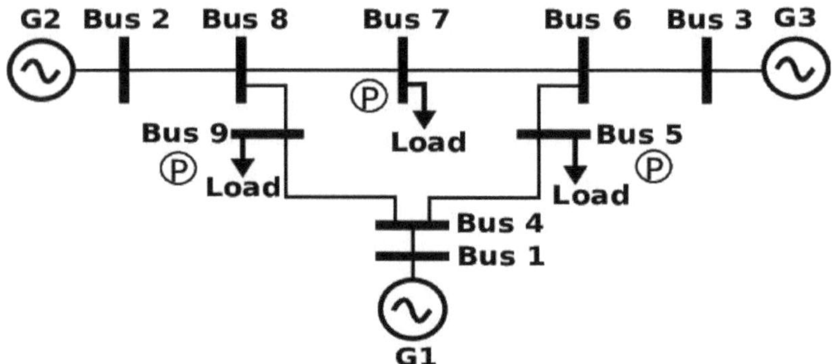

Figura 19: Sistema normalizado de nove autocarros

Quadro 10: pormenores gerais da ligação do sistema de nove autocarros

Para	De	Interruptores de seccionamento	Autocarro de geração	Barramento de carga
2	8	S_1		
8	7	S_2		
8	9	S_3	1	5
9	4	S_4		
7	6	S_5		
3	6	S_6	2	7
4	5	S_7		
5	6	S_8	3	9
4	1	S_9		

Na Fig.19 acima foi mostrado um sistema de rede eléctrica padrão de nove barramentos, que consiste em três geradores G1, G2 e G3. Os geradores estão ligados ao barramento 1, ao barramento 2 e ao barramento 3. Os barramentos 5, 7 e 9 são considerados como barramentos de carga. Os interruptores de seccionamento são designados por S_1, S_2, S_3, S_4, S_5, S_6, S_7, S_8 e S_9. Os interruptores seccionadores S_1 estão ligados entre o barramento 2 e o barramento 8, S_2 está ligado entre o barramento 8 e o barramento 7, S_3 está ligado entre o barramento 8 e o barramento 9, S_4 está ligado entre o barramento 9 e o barramento 4, S_5 está ligado entre o barramento 7 e o barramento 6, S_6 está ligado entre o barramento 3 e o barramento 6, S_7 está ligado entre o barramento 4 e o barramento 5, S_8 está ligado entre o barramento 5 e o barramento 6 e S_9 está ligado entre o barramento 4 e o barramento 1.

Se o número total de interruptores de seccionamento neste sistema de nove barramentos for considerado n, a configuração possível deve ser 2(n-1), ou seja, o sistema de nove barramentos tem 9 interruptores, pelo que o número total de configurações possíveis é 2(9-1) ou 2(8) ou 256. Cada conjunto de configurações tem diferentes tipos de comutadores de seccionamento que podem estar presentes no sistema.

7.2 DISPOSITIVOS FACTS

Os dispositivos FACTS (Flexible AC Transmission System) são dispositivos electrónicos de potência estáticos que são instalados em redes de transmissão de corrente alternada para aumentar a capacidade de transferência de energia, a estabilidade e a controlabilidade das redes através de compensação em série e/ou em derivação. Os dispositivos FACTS proporcionam maior flexibilidade ao funcionamento dos sistemas de energia eléctrica de uma forma protetora. A fim de melhorar o desempenho do sistema, os dispositivos FACTS são utilizados para controlar o fluxo de energia na rede. Os dispositivos FACTS são também utilizados nas operações complicadas do sistema elétrico.

7.2.1 IMPORTÂNCIA DOS DISPOSITIVOS FACTS

Os sistemas de transmissão de corrente alternada flexível de alta tensão são fáceis de manter as quantidades e qualidades de tensão adequadas. Sem os dispositivos FACTS, o sistema de energia pode não estar a regular corretamente a tensão ou a alterar a potência que é injectada ou absorvida através do sistema de energia. Os dispositivos FACTS melhoram a capacidade e o desempenho global da rede. Aumentam também a fiabilidade e a eficiência do sistema de energia. Ao atenuar as oscilações de potência, os FACTS podem oferecer ao sistema um maior controlo sobre a energia. Os dispositivos FACTS também funcionam de forma a minimizar o entupimento das linhas.

7.2.2 Tipos de dispositivos de factos

Diferentes tipos de dispositivos FACTS ajudam a mitigar este tipo de problemas, que são descritos a seguir.

Types of FACTS devices			
Thyristor Controlled Series Capacitor(TCSC)	Thyristor Controlled Series Reactor(TCSR)	Thyristor Switched Series Capacitor(TSSC)	Static Synchronous Series Compensator(SSSC)

7.2.2.1 Condensador em série controlado por tiristor (TCSC):

O TCSC é um compensador de reactância capacitiva; consiste numa bateria de condensadores em série com um reator controlado por tiristores (TCR) para oferecer uma reactância capacitiva variável mais suave. No TCSC não é necessário um transformador de alta tensão, o que o torna mais económico do que outros dispositivos FACTS. O TCSC é normalmente ligado em série com a linha de ligação para melhorar o controlo rápido e contínuo do nível de compensação série da linha de transmissão.

7.2.2.2 Reator Série Controlado por Tiristores (TCSR):

Num sistema de transmissão de energia eléctrica, um reator controlado por tiristor (TCR) é uma reactância ligada em série a uma válvula de tiristor bidirecional. A válvula de tiristor é controlada por fase, o que permite que o valor fornecido de potência reactiva seja ajustado para satisfazer as diferentes condições do sistema. As reactâncias controladas por tiristores podem ser utilizadas para limitar os aumentos de tensão em linhas de transmissão com pouca carga. Outro dispositivo, denominado reator controlado magneticamente (MCR), também é utilizado para este fim.

7.2.2.3 Condensador em série comutado por tiristor (TSSC):

Um condensador comutado por tiristor (TSC) é um tipo de equipamento utilizado para ajustar a potência reactiva em sistemas de energia eléctrica. É constituído por um condensador de potência ligado em série com uma válvula de tiristor bidirecional e, normalmente, um reator limitador de corrente.

7.2.2.4 Compensador síncrono estático em série (SSSC):

O Compensador Estático Síncrono Série (SSSC) é um dispositivo FACTS moderno de qualidade de energia que consiste num conversor de fonte de tensão ligado em série a uma linha de transmissão através de um transformador. O SSSC funciona como um condensador em série controlável e um indutor em série. Esta caraterística permite que o SSSC funcione sem problemas tanto com cargas elevadas como com cargas mais baixas.

O Compensador Estático Síncrono Série tem três componentes básicos:

1. Conversor de Fonte de Tensão (VSC) - componente principal
2. Transformador - liga a CSES à linha de transmissão
3. Fonte de energia - fornece tensão através do condensador CC e compensa as perdas do dispositivo

CAPÍTULO-8

PERIGOS ELÉCTRICOS POR CONGESTIONAMENTO DA REDE

8.1 CONGESTIONAMENTO DA REDE

O congestionamento da rede nos sistemas eléctricos pode contribuir para os riscos eléctricos, embora o termo seja mais frequentemente associado às redes de comunicação. No contexto dos sistemas eléctricos, o "congestionamento da rede" refere-se normalmente a situações em que as linhas e o equipamento elétrico estão sobrecarregados ou são levados para perto dos seus limites operacionais. Eis como o congestionamento da rede pode levar a riscos eléctricos:

Sobrecarga de componentes eléctricos: Quando há uma procura excessiva de energia ou um desequilíbrio no fluxo de energia, as linhas de transmissão, os transformadores e outros equipamentos podem ficar sobrecarregados. O equipamento sobrecarregado gera calor excessivo, aumentando o risco de rutura do isolamento, falha do equipamento ou mesmo incêndios eléctricos.

Instabilidade de tensão: O congestionamento da rede pode levar a quedas ou picos de tensão, que podem afetar a estabilidade de todo o sistema elétrico. A instabilidade da tensão pode provocar o mau funcionamento do equipamento elétrico, o sobreaquecimento e outras condições perigosas.

Aumento do risco de apagões: Um congestionamento grave da rede pode causar falhas em cascata, levando a apagões em grande escala. Os apagões podem perturbar serviços críticos como hospitais, controlo de tráfego e operações industriais, criando condições de insegurança para pessoas e equipamentos.

Sobreaquecimento e stress térmico: O excesso de fluxo de corrente devido ao congestionamento pode provocar o sobreaquecimento de cabos, transformadores e outros componentes, levando ao stress térmico. A exposição prolongada a temperaturas elevadas pode degradar o isolamento, danificar o equipamento e representar um risco significativo de incêndio.

Maior probabilidade de curto-circuitos e arcos voltaicos: O congestionamento aumenta a tensão eléctrica na rede, aumentando a probabilidade de falhas como curtos-circuitos ou arcos voltaicos. Estas falhas podem resultar em perigosos flashes de arco ou explosões, colocando diretamente em risco tanto o equipamento como o pessoal.

Falha dos dispositivos de proteção: Os dispositivos de proteção, como relés e disjuntores, podem não funcionar corretamente durante o congestionamento da rede devido à alteração dos perfis de corrente e tensão. Isto pode levar a atrasos ou falhas na desconexão de secções defeituosas, aumentando o risco de acidentes eléctricos.

Mau funcionamento do equipamento: O congestionamento pode causar distorção harmónica e problemas de qualidade de energia que podem perturbar o funcionamento de equipamentos sensíveis, levando a paragens não intencionais ou a comportamentos erráticos que podem pôr em perigo a segurança.

Envelhecimento acelerado da infraestrutura: Períodos prolongados de congestionamento colocam uma pressão adicional na infraestrutura eléctrica, acelerando o seu desgaste. Isto pode levar a falhas inesperadas, que podem ser perigosas se ocorrerem durante períodos de grande procura.

Em resumo, o congestionamento da rede pode comprometer o funcionamento seguro e fiável dos sistemas eléctricos, aumentando a probabilidade de vários riscos eléctricos. A gestão eficaz da carga, as actualizações do sistema e a monitorização em tempo real são estratégias essenciais para mitigar estes riscos

O congestionamento ocorre quando as redes de transporte não conseguem transferir energia eléctrica com base nas necessidades da carga. O congestionamento no sector da energia eléctrica é definido como a limitação das linhas de transporte que atingem os seus limites térmicos ou a impossibilidade de a carga transportar energia adicional. Estes problemas são geridos através de métodos de gestão dos congestionamentos, que desempenham um papel importante nos actuais sistemas de energia desregulamentados. No sistema de distribuição, a relativa escassez de recursos e a distribuição irregular do fluxo da rede criam congestionamentos na rede. Por isso, é importante controlar o congestionamento. Quando os produtores e consumidores de energia eléctrica aspiram a produzir e consumir uma potência total que levaria o sistema de transporte a operar no seu limite de transferência ou para além dele, diz-se que o sistema está congestionado. Na Fig. 20 apresenta-se a estrutura típica de um sistema elétrico desregulado.

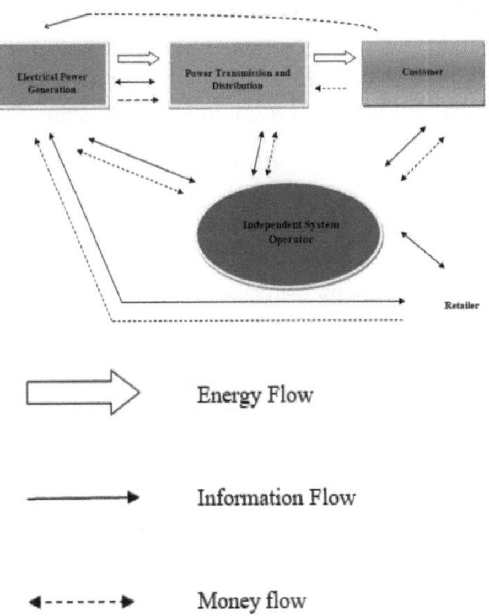

Energy Flow

Information Flow

Money flow

Figura 20: A estrutura típica de um sistema de eletricidade desregulamentado [86]

Na figura acima é apresentada uma rede que mostra a produção, o transporte, a distribuição e os clientes que utilizam a energia de uma forma sistemática [86]. O operador independente do sistema opera e monitoriza tudo o que passa pelo sistema e equilibra a produção, o consumo de energia e as exportações. Diferentes empresas de eletricidade fornecem a sua energia através do retalhista. Os clientes fazem as transições diretamente através dos retalhistas. As empresas de produção produzem energia e transferem-na para os clientes através das empresas de transporte e distribuição. As empresas de T&D recebem dinheiro para a transmissão e a distribuição tanto das empresas de produção como dos consumidores através dos retalhistas.

8.2 GESTÃO DE CONGESTIONAMENTOS

O congestionamento ocorre quando as linhas de transmissão não são suficientes para transferir a energia de acordo com os desejos do mercado. Assim, a gestão dos congestionamentos é um instrumento que permite utilizar eficazmente a energia disponível sem violar as restrições do sistema. A gestão dos congestionamentos consiste em evitar ou aliviar os congestionamentos.

8.2.1 MÉTODOS DE GESTÃO DOS CONGESTIONAMENTOS

Foram desenvolvidos diferentes métodos de mercado de energia para gerir o sistema congestionado. Alguns dos métodos são mencionados de seguida na Fig. 21

Figura 21: Diferentes métodos de gestão dos congestionamentos

8.2.2 QUESTÕES RELATIVAS À GESTÃO DOS CONGESTIONAMENTOS

O congestionamento nas linhas de transmissão ocorre devido ao aumento constante da procura de energia e os diferentes tipos de carga podem causar os seguintes problemas

1. Os consumidores são forçados a reduzir o consumo de energia, uma vez que os preços da eletricidade aumentam.
2. A segurança do sistema pode ser afetada.
3. O sistema é forçado a funcionar com margens de estabilidade mais baixas.
4. O sistema pode entrar em colapso devido ao início de disparos em cascata.
5. O congestionamento impede o operador dos sistemas de transferir mais energia de um determinado gerador.
6. As taxas de congestionamento excedentárias são aumentadas.

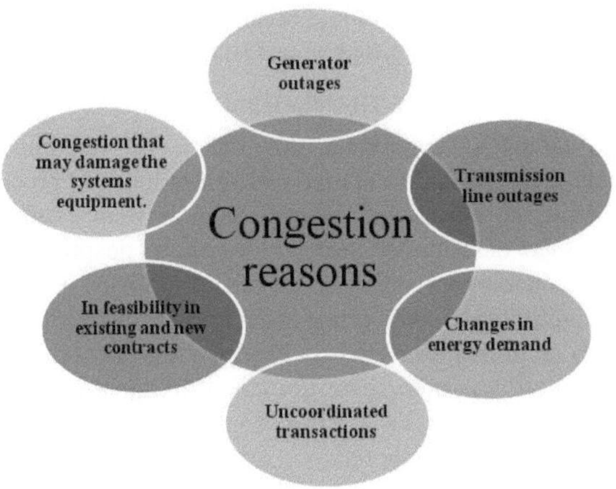

Figura 22: Razões para a gestão dos congestionamentos

8.3 PRINCÍPIO DE BASE E OBJETIVO DA GESTÃO DOS CONGESTIONAMENTOS

1. Reduzir a interferência da rede de transporte no mercado da energia eléctrica.
2. Assegurar o funcionamento do sistema elétrico.
3. Melhorar a eficiência do mercado.
4. A gestão do congestionamento permite uma utilização mais eficiente da capacidade de rede disponível.
5. Existem dois tipos de congestionamento:
    (a) Congestionamento devido a excesso de produção.
    (b) Congestionamento devido ao consumo excessivo.
6. Atenua a necessidade de investimentos indesejados na rede e permite que os operadores da rede continuem com a transição energética.

8.4 CONDIÇÕES IMPORTANTES NO MERCADO DESREGULAMENTADO

Existem principalmente duas condições de mercado desregulamentado, o congestionamento e a ausência de congestionamento.

A condição não congestionada é quando não há limitação para comprar energia de qualquer empresa que seja mais barata do que durante a condição congestionada. Por congestionamento entende-se uma ou mais linhas de transmissão que atingem o seu limite térmico e são incapazes de transportar energia adicional para os consumidores, pelo que a produção mais cara é programada para atingir a carga, uma vez que as unidades de produção mais baratas são incapazes de servir a carga necessária no local do congestionamento.

8.5 CÁLCULO DO CUSTO DE TRANSMISSÃO

Existem dois métodos de cálculo dos custos de transmissão: o preço uniforme de limpeza do mercado e o preço marginal local. O preço uniforme de limpeza do mercado significa que, quando não existem estrangulamentos e perdas na transmissão de energia eléctrica, a central de produção de energia mais barata é selecionada para servir as cargas de todos os consumidores, pelo que o preço da eletricidade será o mesmo. Quando o custo marginal local fornece o próximo incremento de energia eléctrica aos consumidores através de um barramento específico, onde existe um custo marginal atribuído e aspectos físicos do sistema de transmissão. Na Fig. 23 é apresentada a classificação do custo de transmissão no sistema de rede.

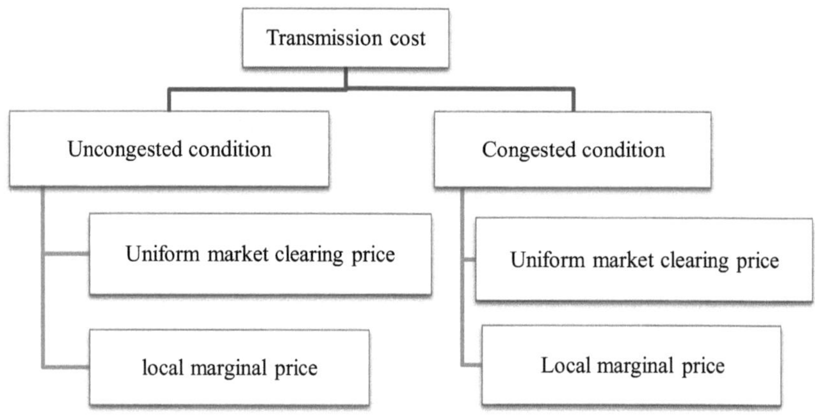

Figura 23: Tipos de custos de transmissão

8.6 REDE DE ESTABILIDADE DO SISTEMA ELÉTRICO

A estabilidade do sistema elétrico é definida como a propriedade de um sistema elétrico que lhe permite manter-se num estado de equilíbrio operacional em condições normais de funcionamento e recuperar um estado de equilíbrio aceitável após ter sido sujeito a uma perturbação. As perturbações podem ser de pequena ou grande dimensão.

Existem três tipos de estabilidade do sistema elétrico: Estabilidade em estado estacionário, transitória e dinâmica.

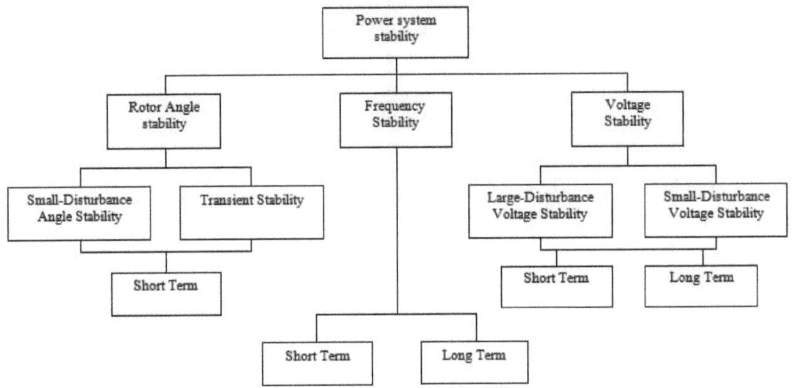

Figura 24: Rede de Estabilidade do Sistema Elétrico

8.6.1 ESTABILIDADE DA TENSÃO COM GRANDES PERTURBAÇÕES:

A estabilidade da tensão em caso de grandes perturbações é a capacidade de um sistema manter a tensão estável em caso de grandes perturbações, tais como falhas do sistema, perda de produção ou rutura do circuito. Mantém a tensão no barramento dentro de um limite aceitável quando ocorrem perturbações como perdas de geradores, curto-circuitos, cortes de linha ou falhas do sistema.

8.6.2 ESTABILIDADE DA TENSÃO COM PEQUENAS PERTURBAÇÕES:

A estabilidade da tensão com pequenas perturbações é a capacidade de um sistema manter um nível aceitável de tensões estáveis, quando ocorrem pequenas perturbações, tais como alterações incrementais na carga do sistema. Mantém a tensão do sistema dentro de um limite aceitável quando sofre perturbações como o aumento da carga numa pequena quantidade. Tanto as caraterísticas da carga como as influências do controlo contínuo e descontínuo podem afetar a estabilidade da tensão em caso de pequenas perturbações.

8.7 ESTABILIDADE DA TENSÃO

Estabilidade da tensão A estabilidade da tensão diz respeito à manutenção de níveis de tensão aceitáveis (0,8 p. u) em todos os barramentos do sistema em condições normais, bem como quando o sistema está a ser sujeito a uma perturbação. O fenómeno de colapso da tensão no sistema de energia é frequentemente atribuído à falta de reserva de energia reactiva suficiente quando o sistema de energia sofre uma carga pesada. A estabilidade da tensão é definida como a capacidade do sistema de energia de manter uma tensão fixa tolerável em cada barramento da rede em condições normais de funcionamento, bem como após ter sido sujeito a uma perturbação. Na Fig. 25 é apresentado o gráfico da estabilidade da tensão, onde se menciona claramente o ponto de funcionamento normal, o ponto de colapso da tensão e a margem de tensão.

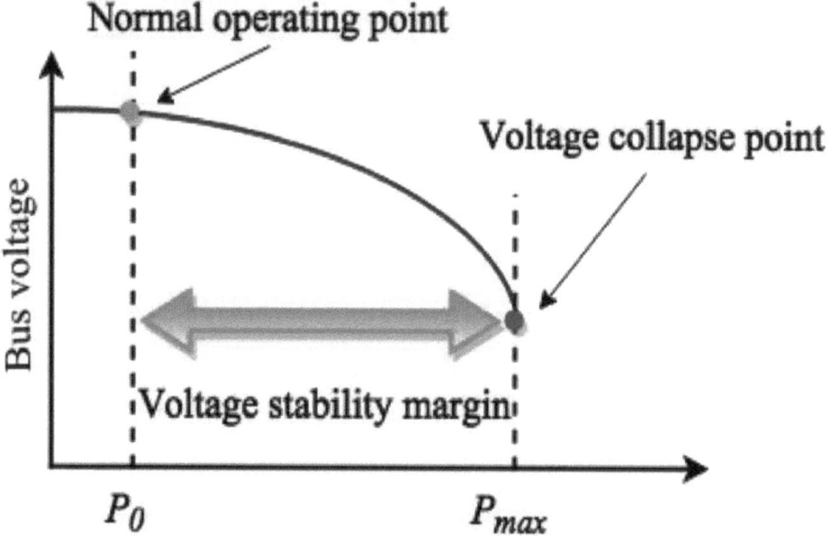

Figura 25: Gráfico de estabilidade de tensão

8.7.1 TENSÃO DE FUNCIONAMENTO NORMAL
A tensão de funcionamento normal significa que a tensão do sistema elétrico é estável. Quando ocorre qualquer falha ou perturbação no sistema, a tensão torna-se instável, o que resulta num declínio incontrolável e progressivo da tensão.

8.7.2 MARGEM DE ESTABILIDADE DA TENSÃO
A margem de estabilidade da tensão é definida pela diferença entre a transferência de potência limite e a transferência de potência em tempo real do sistema elétrico.

8.7.3 PONTO DE COLAPSO DA TENSÃO
É o processo pelo qual a tensão do sistema leva à perda de energia numa parte significativa do sistema de energia.

A estabilidade da tensão é crucial nos sistemas eléctricos para garantir o funcionamento seguro e fiável das redes de energia. Eis por que razão a estabilidade da tensão é importante para evitar riscos eléctricos:

Evita danos no equipamento: A instabilidade da tensão pode causar condições de sobretensão ou subtensão, que podem danificar equipamento elétrico sensível, como motores, transformadores e dispositivos electrónicos. Estes danos podem levar à falha do equipamento, a reparações dispendiosas ou mesmo a condições perigosas como incêndios eléctricos.

Reduz o risco de incêndios eléctricos: Quando os níveis de tensão flutuam excessivamente, os componentes eléctricos podem sobreaquecer devido ao aumento do fluxo de corrente, levando à rutura do isolamento e a potenciais incêndios eléctricos. A tensão estável ajuda a manter as condições normais de funcionamento, reduzindo o risco de tais perigos.

Garante o funcionamento correto dos dispositivos de proteção: Os dispositivos de proteção, como os disjuntores e os fusíveis, são concebidos para funcionar corretamente dentro de intervalos de tensão específicos. A instabilidade da tensão pode provocar o mau funcionamento destes dispositivos, não disparar quando necessário ou disparar desnecessariamente, comprometendo a segurança de todo o sistema elétrico.

Evita problemas de qualidade de energia: A instabilidade da tensão pode causar luzes intermitentes, aparelhos avariados e interrupções no serviço, que não só perturbam as operações, como também podem levar a condições de trabalho pouco seguras, especialmente em ambientes industriais.

Evita a sobrecarga dos componentes eléctricos: A instabilidade da tensão conduz frequentemente à sobrecarga dos componentes eléctricos, o que pode resultar em sobreaquecimento e desgaste acelerado. Os componentes sobrecarregados são mais propensos a falhar, representando um risco de perigos eléctricos.

Mantém a segurança dos trabalhadores eléctricos: A tensão estável assegura condições de funcionamento previsíveis e seguras, o que é essencial para a segurança dos trabalhadores eléctricos. Flutuações inesperadas de tensão podem causar choques eléctricos ou arcos voltaicos, que são riscos graves para a segurança.

Evita o colapso do sistema ou apagões: A instabilidade da tensão pode levar a falhas em cascata na rede eléctrica, resultando em apagões ou falhas de corrente. Estes eventos podem interromper serviços essenciais e representar riscos de segurança significativos, especialmente em instalações críticas como hospitais e centros de resposta a emergências.

Ao manter a estabilidade da tensão, os sistemas eléctricos funcionam dentro de parâmetros seguros, minimizando assim o risco de perigos eléctricos, protegendo o equipamento e o pessoal e assegurando um fornecimento de energia fiável

CAPÍTULO-9
SEGURANÇA ELÉCTRICA NECESSÁRIA NAS MINAS

9.1 INTRODUÇÃO:

A segurança eléctrica é extremamente importante nas operações mineiras para evitar riscos eléctricos devido ao ambiente de alto risco e aos desafios únicos associados à exploração mineira. Eis por que razão a segurança eléctrica é essencial no trabalho mineiro e as medidas específicas necessárias para evitar riscos eléctricos:

9.2. PORQUE É QUE A SEGURANÇA ELÉCTRICA É CRUCIAL NA EXPLORAÇÃO MINEIRA:

- ❖ **Ambiente perigoso:** Os ambientes mineiros envolvem frequentemente condições de humidade, espaços confinados, poeiras condutoras e gases explosivos, o que aumenta o risco de acidentes eléctricos como choques, incêndios e explosões.
- ❖ **Equipamento de alta potência:** As operações mineiras dependem de maquinaria de alta potência, como perfuradoras, transportadores, bombas e sistemas de ventilação, que requerem sistemas eléctricos robustos e fiáveis. Qualquer falha ou mau funcionamento pode resultar em riscos de segurança significativos.
- ❖ **Condições remotas e adversas:** As falhas eléctricas em locais remotos ou subterrâneos podem ser mais difíceis de detetar e resolver rapidamente, levando a uma exposição prolongada a condições perigosas.
- ❖ **Presença de materiais inflamáveis:** Muitas minas têm gases inflamáveis (por exemplo, metano) ou poeiras combustíveis que podem inflamar-se se expostas a faíscas ou falhas eléctricas, provocando explosões ou incêndios.
- ❖ **Condições de elevada humidade e corrosão:** A água e os produtos químicos utilizados na exploração mineira podem corroer o equipamento elétrico, aumentar a condutividade e aumentar o risco de curto-circuitos ou falhas à terra.

9.3. MEDIDAS DE SEGURANÇA ELÉCTRICA PARA PREVENIR OS RISCOS NAS MINAS:

- ❖ **Ligação à terra e ligação adequada:** Certifique-se de que todo o equipamento elétrico está devidamente ligado à terra para evitar o perigo de choques eléctricos e para minimizar o risco de arcos voltaicos ou incêndios devido a correntes parasitas.
- ❖ **Equipamento à prova de explosão:** Utilizar equipamento concebido para funcionar com segurança em atmosferas explosivas (por exemplo,

equipamento intrinsecamente seguro) para evitar a ignição de gases ou poeiras inflamáveis.

❖ **Inspecções e manutenção regulares:** Efetuar inspecções e manutenção regulares das instalações eléctricas, cabos e equipamento para identificar desgaste, corrosão ou danos que possam conduzir a falhas.

❖ **Utilização de interruptores de circuito de falha de terra (GFCIs):** Os GFCIs ajudam a detetar rapidamente as falhas à terra e a cortar a alimentação eléctrica, reduzindo o risco de choques eléctricos em condições de humidade comuns nas minas.

❖ **Proteção contra arco elétrico:** Implementar avaliações de risco de arco elétrico e fornecer equipamento de proteção individual (EPI), como vestuário resistente ao arco elétrico, protecções faciais e luvas para os trabalhadores que manuseiam equipamento de alta tensão.

❖ **Formação e sensibilização:** Fornecer formação abrangente ao pessoal das minas sobre práticas de segurança eléctrica, incluindo o reconhecimento de riscos eléctricos, operação segura de equipamento e procedimentos de emergência.

❖ **Procedimentos de bloqueio/etiquetagem:** Implementar procedimentos rigorosos de bloqueio/etiquetagem para garantir que o equipamento é desenergizado e não pode ser acidentalmente ligado durante os trabalhos de manutenção ou reparação.

❖ **Gestão adequada dos cabos:** Utilize cabos de classificação mineira que sejam resistentes a factores de tensão ambiental e assegure um encaminhamento adequado dos cabos para evitar danos físicos, abrasão e contacto com máquinas em movimento.

❖ **Instalação de dispositivos de proteção contra sobreintensidades:** Utilizar fusíveis, disjuntores e relés para evitar a sobrecarga do equipamento, curto-circuitos e outras avarias que possam conduzir a condições perigosas.

❖ **Sistemas de monitorização e de paragem remota:** Utilizar sistemas de monitorização em tempo real para detetar condições anormais e permitir a paragem rápida do equipamento à distância para evitar situações perigosas.

Ao implementar estas medidas, as operações mineiras podem reduzir significativamente o risco de perigos eléctricos, garantindo um ambiente de trabalho mais seguro para os mineiros e minimizando potenciais acidentes.

9.4 PROTOCOLO DE SEGURANÇA NAS MINAS

Os protocolos de segurança nas minas são concebidos para proteger os trabalhadores dos muitos perigos associados às operações mineiras, incluindo riscos eléctricos, mecânicos, ambientais e químicos. Segue-se um resumo dos principais protocolos e procedimentos de segurança normalmente implementados nas minas para garantir um ambiente de trabalho seguro:

9.4.1 AVALIAÇÃO DOS RISCOS E IDENTIFICAÇÃO DOS PERIGOS

- ❖ **Efetuar regularmente avaliações de risco:** Identificar potenciais perigos relacionados com as actividades mineiras, incluindo equipamento, condições geológicas e factores ambientais.
- ❖ **Análise de Segurança no Trabalho (JSA):** Efetuar uma JSA detalhada para tarefas específicas, a fim de compreender os riscos e os controlos necessários.
- ❖ **Mapeamento de perigos:** Utilizar mapas de perigos para identificar e comunicar as áreas perigosas dentro da mina.

9.4.2. EQUIPAMENTOS DE PROTEÇÃO INDIVIDUAL (EPI)

- ❖ **EPI obrigatório:** Impor a utilização de EPI, incluindo capacetes, vestuário de alta visibilidade, botas com biqueira de aço, luvas, óculos de segurança, proteção auditiva e proteção respiratória, sempre que necessário.
- ❖ **Equipamento especializado:** Forneça EPIs específicos, como detectores de gás, auto-resgates autónomos (SCSRs) e arneses para proteção contra quedas com base na tarefa e no ambiente.

9.4.3. PROTOCOLOS DE SEGURANÇA ELÉCTRICA

- ❖ **Instalação e manutenção adequadas:** Assegurar que todos os sistemas eléctricos são instalados por electricistas certificados e que a sua manutenção é feita regularmente.
- ❖ **Equipamento à prova de explosão:** Utilize equipamento elétrico intrinsecamente seguro e à prova de explosão em zonas perigosas.
- ❖ **Procedimentos de bloqueio/etiquetagem (LOTO):** Utilizar protocolos LOTO para garantir que a maquinaria e o equipamento elétrico são desenergizados antes da manutenção ou reparação.

9.4.4. VENTILAÇÃO E MONITORIZAÇÃO DOS GASES

- ❖ **Sistemas de ventilação adequados:** Assegurar uma ventilação adequada para gerir poeiras, fumos e gases explosivos, mantendo a qualidade do ar dentro de limites seguros.
- ❖ **Monitorização contínua de gases:** Utilize sistemas de monitorização contínua de gases como o metano, o monóxido de carbono e o sulfureto de hidrogénio, com alarmes definidos para níveis perigosos.

9.4.5. PREPARAÇÃO E RESPOSTA A SITUAÇÕES DE EMERGÊNCIA

- **Plano de resposta a emergências:** Desenvolver e atualizar regularmente planos de resposta a emergências para vários cenários, incluindo incêndios, fugas de gás, desmoronamentos e inundações.
- **Exercícios de emergência:** Realizar simulacros regulares para preparar os trabalhadores para potenciais emergências, incluindo procedimentos de evacuação e resposta de primeiros socorros.
- **Equipamento de salvamento:** Equipar a mina com equipamento de emergência e salvamento suficiente, incluindo aparelhos de respiração, extintores de incêndio e kits de primeiros socorros.

9.4.6. CONTROLO E ESTABILIDADE DO SOLO

- **Monitorização regular da estabilidade do solo:** Utilizar métodos de controlo do solo, tais como aparafusamento de rochas, instalação de redes e betão projetado para evitar quedas de rochas e colapsos.
- **Monitorização sísmica:** Monitorizar a atividade sísmica em áreas propensas a tremores ou colapsos para garantir uma resposta atempada.

9.4.7. SEGURANÇA DAS MÁQUINAS E EQUIPAMENTOS

- **Inspecções de rotina:** Inspecionar e manter regularmente as máquinas e o equipamento para garantir que estão em condições de funcionamento seguras.
- **Formação de operadores:** Formar os trabalhadores na operação segura de máquinas, incluindo camiões de transporte, transportadores e plataformas de perfuração.
- **Protecções e barreiras:** Utilizar protecções, barreiras e sinais de aviso para proteger os trabalhadores de peças móveis e zonas restritas.

9.4.8. SEGURANÇA NO MANUSEAMENTO DE EXPLOSIVOS E NAS EXPLOSÕES

- **Pessoal certificado:** Assegurar que apenas pessoal com formação e certificado manuseia explosivos.
- **Protocolos de detonação:** Seguir protocolos rigorosos para a desobstrução da área de rebentamento, calendarização e comunicação para evitar ferimentos acidentais.

9.4.9. SISTEMAS DE COMUNICAÇÃO

- **Comunicação fiável:** Implementar sistemas de comunicação robustos, incluindo rádios e redes de comunicação subterrâneas, para manter o contacto entre as equipas de superfície e subterrâneas.

❖ **Sinalização de emergência:** Utilizar alarmes, luzes e outros dispositivos de sinalização para comunicar emergências e outras informações críticas.

9.4.10. VIGILÂNCIA SANITÁRIA E HIGIENE

❖ **Controlos de saúde regulares:** Efetuar um controlo regular da saúde dos trabalhadores, incluindo testes de função pulmonar e verificações de perda de audição.

❖ **Controlo das poeiras e do ruído:** Implementar técnicas de supressão de poeiras e medidas de controlo do ruído para proteger os trabalhadores de problemas de saúde a longo prazo.

9.4.11. PROCEDIMENTOS DE TRABALHO SEGURO E FORMAÇÃO

❖ **Procedimentos Operacionais Normalizados (PONs):** Desenvolver e aplicar SOPs para todas as tarefas, dando ênfase à segurança e ao controlo dos perigos.

❖ **Formação contínua:** Fornecer formação contínua sobre reconhecimento de perigos, primeiros socorros, resposta a emergências e funcionamento do equipamento.

9.4.12. RELATÓRIO E INVESTIGAÇÃO DE INCIDENTES

❖ **Sistema de comunicação de incidentes:** Estabelecer um processo claro para a comunicação de incidentes, quase-acidentes e condições de insegurança.

❖ **Investigação e acções corretivas:** Investigar minuciosamente todos os incidentes para identificar as causas profundas e aplicar acções corretivas para evitar que se repitam.

9.4.13. CONTROLO DE ACESSO E ZONAS DE ACESSO RESTRITO

❖ **Controlo de acesso:** Restringir o acesso a áreas perigosas, permitindo apenas ao pessoal autorizado com formação e equipamento adequados.

❖ **Sinalização de segurança:** Utilizar sinalização clara para assinalar as áreas restritas, os perigos e as zonas seguras dentro da mina.

9.4.14. GESTÃO DA FADIGA

❖ **Programação de turnos:** Implementar horários de turnos que minimizem a fadiga, assegurando períodos de descanso adequados para os trabalhadores.

❖ **Monitorização da fadiga:** Utilizar tecnologia de deteção da fadiga e efetuar avaliações regulares para gerir o estado de alerta dos trabalhadores.

9.4.15. **CUMPRIMENTO** DAS NORMAS LEGAIS E REGULAMENTARES

- ❖ **Conformidade regulamentar:** Assegurar que todas as operações mineiras cumprem os regulamentos locais, nacionais e internacionais de segurança mineira.
- ❖ **Auditorias e inspecções:** Realizar auditorias e inspecções de segurança regulares para verificar a conformidade e identificar áreas a melhorar.

Ao seguir estes protocolos, as operações mineiras podem aumentar significativamente a segurança, reduzir o risco de acidentes e criar um ambiente de trabalho mais seguro para todo o pessoal envolvido.

CAPÍTULO-10
CONCLUSÃO E REFERÊNCIAS

10.1 CONCLUSÃO:

Esta análise global tem sido muito útil para os académicos, investigadores e decisores para minimizar o risco associado aos perigos eléctricos. A eletricidade é essencial na vida humana, mas a sua utilização incorrecta pode ter um impacto mortal na sociedade. A conclusão deste trabalho de investigação ajudará os trabalhadores do sector da eletricidade envolvidos em trabalhos domésticos e de reconstrução pós-catástrofe e ajudá-los-á a desenvolver orientações práticas para evitar riscos inseguros. Uma instalação eléctrica adequada e uma estratégia de instalação e manutenção corretas podem salvar vidas. A reconfiguração do sistema é utilizada principalmente no sistema de transmissão para atenuar a sobrecarga do sistema e pode também ajudar a atenuar os diferentes tipos de riscos eléctricos, como o estado pós-operatório. O sistema obtido é equilibrado e o perfil de tensão do sistema é melhorado. A fiabilidade do sistema é um dos resultados da reconfiguração do sistema. A reconfiguração da rede do sistema de energia resulta na gestão do congestionamento através da utilização de dispositivos FACTS e também na manutenção de uma tensão estável. Os dispositivos FACTS podem melhorar a capacidade dos sistemas de transmissão de fluxos de energia na rede. Os dispositivos FACTS podem ser utilizados para reduzir o congestionamento das linhas. Os dispositivos FACTS habitualmente utilizados são o TCSC, o TCSR, o TSSC e o SSSC, etc. A gestão do despacho de cargas desempenha um papel vital no controlo das actividades de um sistema de energia. O colapso da tensão ocorre devido à instabilidade da tensão em grande escala. A reconfiguração reduz a carga inútil do sistema para evitar colapsos de tensão.

10.2 **REFERÊNCIAS**

1. M.C. Ghosh, R. Basak, A. Ghosh, W. Balow e A. Dey "Um artigo sobre segurança eléctrica", International Journal for Scientific Research & Development, Vol. 3, Issue 10, 2015 | ISSN (online): 2321-0613.
2. https://www.swissre.com/dam/jcr:7b49faa1-ddf5-4e11-93a2-5ae17c0105cd/lights-out-the-risks-of-climate-and-natural-disaster.pdf
3. M. Chakrabarty, D. Sarkar, e R. Basak. "A comprehensive literature review report on basic issues of power system restoration planning", Journal of The Institution of Engineers (India): Series B, Vol. 101, no. 3, pp. 287-297, 2020.
4. D. Sarkar, M. Chakrabarty, A. De, e S. Goswami. "Emergency restoration based on priority of load importance using Floyd-Warshall shortest path algorithm," Computational Advancement in Communication Circuits and Systems, (pp. 59-72). Springer, Singapura, 2020.
5. D. Sarkar, M. Chakrabarty, R. Ghosh e R. Basak. "An Offline Strategic Planning for Service Restoration Using Multi-Constraints Priority-Based Dijkstra's Algorithm," Journal of The Institution of Engineers (India): Series B, vol. 101, no. 4, pp. 309-320, 2020.
6. M. Chakrabarty, D. Sarkar e R. Basak. "An Interactive partitioning algorithm-based electrical power crisis management for service restoration with existing black-start resources considering load priority" Journal of The Institution of Engineers (India): Série B, Vol. 102, N.º 2, pp. 169-178, 2021.
7. M.N. Thaker, B.N. Phadke, e P.D. Patel. "Os efeitos dos riscos eléctricos". Perception, 1, pp. 369-374, 2013.
8. Q. Chen, e R. Jin. "Multilevel safety culture and climate survey for assessing new safety programs," Journal of Construction Engineering and Management, Vol. 139, no. 7, pp.805-817, 2013.
9. E. Safapour, e S. Kermanshachi, 2019. Investigação dos desafios e das suas melhores práticas para a segurança da reconstrução pós-desastre: Abordagem educacional para riscos de construção. Na 99ª Conferência Anual do Transportation Research Board.
10. R. Campbell. "Lesões de trabalho fatais causadas pela exposição à eletricidade em 2020", 2022.
11. https://www.esfi.org/wp-content/uploads/2022/01/ESFI-Workplace-Electrical-Injuries-and-Fatalities-Statistics-2011-2020.pdf
12. https://chintglobal.com/blog/home-electrical-safety-tips/
13. https://sarmad.unl.edu/documents/research/Recovery%20Manual_0.pdf
14. T.M. Saba, J. Tsado, E. Raymond, e M.J. Adamu. "O nível de consciencialização sobre os riscos eléctricos e as medidas de segurança entre os utilizadores residenciais de eletricidade na metrópole de Minna do Estado do Níger, Nigéria," IOSR Journal of Electrical and Electronics

Engineering (IOSR-JEEE) e-ISSN: 2278-1676, p-ISSN: 2320-3331, Vol. 9, Issue 5 Ver. I (Sep - Oct. 2014), PP 01-06,2014.

15. S.O. Ezennaya, F.O. Enemuoh, e V.N. Agu. "Uma visão geral dos perigos eléctricos e dicas de segurança: On The Job/Office And Home Awareness Call", International Journal of Scientific & Engineering Research, Vol. 8, no. 5, pp. 466-472, 2017.

16. D. Zhao, J. Lucas, e W. Thabet. "Using virtual environments to support electrical safety awareness in construction," In Proceedings of the 2009 Winter Simulation Conference (WSC) (pp. 2679-2690). IEEE, dezembro de 2009.

17. Chytil, e M.J. Haupt. Choque elétrico: Primeiros socorros.

18. W.H. Olson. "Segurança eléctrica. Medical instrumentation: application and design," Vol. 4, p.717,1978.

19. N.N. Htwe. "A study of public awareness and practices on electrical safety", In Yangon (Case study: South Dagon Township) (Doctoral dissertation, Meral Portal),2019.

20. K.R. Grosskopf. "Post-disaster recovery and reconstruction safety training," International Journal of Disaster Resilience in the Built Environment, Vol. 1, no. 3, pp. 322-333,2010.

21. https://images.app.goo.gl/edPdtnwzUvQFeW8x8

22. J. Hudspith, e S. Rayatt. First aid and treatment of minor burns" (Primeiros socorros e tratamento de queimaduras ligeiras). Bmj," Vol. 328, no. 7454, pp. 1487-1489,2004.

23. https://www.istockphoto.com/illustrations/chemical-burn.

24. S.J. Moja, F. Mphephu, e C.S. Van Zuydam. "Aspect identification and environmental risk assessment in the electricity sector: a case of Swaziland electricity company," Journal Of industrial pollution control, Vol. 33, no. 1, p.702, 2017.

25. J.J Kolak. "Electrical Safety Elements of an Effective Program" [Elementos de segurança eléctrica de um programa eficaz], Professional Safety, Vol. 52, no. 02, 2007.

26. D. Zhao, e J. Lucas. "Virtual reality simulation for construction safety promotion" [Simulação de realidade virtual para a promoção da segurança na construção], International journal of injury control and safety promotion, Vol. 22, n.º 1, pp. 57-67, 2015.

27. M.S. Hossain e K.M.A Salam. "Abordagem básica de uma avaliação da segurança eléctrica nas indústrias de RMG: Development of Electrical Hazards", Journal of Modern Science and Technology, Vol.3, no. 1, pp. 40-46, 2015.

28. P. Abdel-Sayed, M. Michetti, C. Scaletta, M. Flahaut, N. Hirt-Burri, A. de Buys Roessingh, W. Raffoul e L.A. Applegate. "Terapias celulares para regeneração da pele: uma visão geral de 40 anos de experiência em

unidades de queimados", Swiss medical weekly, Vol. 149, no. 1920, 2019.

29. L. Floyd, M. Rogers e UzoKa, U (2008). Home electricity safety retrieved on July,15 .2013 from http://www.safeelectricity.org/new/news.room

30. C.A. Janick, "Occupational Fatalities due to Electrocutions in the Construction Industry", Journal of Safety Research, Vol. 39: pp. 617-621, 2008.

31. J. Kolak. Segurança eléctrica: Elementos de um programa eficaz. Segurança Profissional. Vol. 52, no. 2, pp. 18-24,2007.

32. J.T. MacKinnon. Dicas importantes de segurança eléctrica e contra incêndios para as famílias. Publicação da Plymouth Utilities, 2010.

33. OSHA, Práticas de trabalho relacionadas com a segurança eléctrica, 29 CFR Parte 1910.

34. M. Barrett, J. Blackledge e E. Coyle. Utilização da realidade virtual para melhorar a segurança eléctrica e a conceção no ambiente construído. ISAST Transactions on Computers and Intelligent Systems, Vol. 3, n.º 1, pp. 1-9, 2011.

35. Neitzel, D.K., 2015, junho. Noções básicas de segurança elétrica para pessoal não elétrico. Em 2015, 61ª Conferência da Indústria de Papel e Celulose do IEEE (PPIC) (pp. 1-4). IEEE.

36. D.R. Crow, D.P. Liggett e M.A. Scott. Mudar a cultura de segurança eléctrica. IEEE Transactions on Industry Applications, Vol. 54, n.º 1, pp. 808-814, 2017.

37. Haluik, "Risk perception and decision making in hazard analysis: improving safety for the next generation of electrical workers," In 2016 IEEE IAS Electrical Safety Workshop (ESW) (pp. 1-8). IEEE. março de 2016.

38. Lee, R.H., 1982. O outro perigo elétrico: Queimaduras por explosão de arco elétrico. IEEE Transactions on Industry Applications, (3), pp.246-251.

39. S.D. Leonard, R.S. Griffin, e M.S. Wogalter, "Electrical hazards in the home: O que é que as pessoas sabem?" In Proceedings of the Human Factors and Ergonomics Society Annual Meeting vol. 41, no. 2, pp. 840-843. Sage CA: Los Angeles, CA: SAGE Publications. outubro de 1997.

40. P.E Batra, e M.G. Ioannides, "Assessment of electric accidents in power industry," Human Factors and Ergonomics in Manufacturing & Service Industries, vol. 12, no.2, pp.151-169, fevereiro de 2002.

41. V. Casini. Overview of electrical hazards. Worker Deaths by Electrocution, 1998.

42. D.Zhao, A.P. McCoy, B.M. Kleiner, e T.L. Smith-Jackson, "Control measures of electrical hazards: An analysis of the construction industry," Safety Science, 77, pp.143-151. 2015.

43. T. Gammon, W.J. Lee, Z. Zhang, e B.C. Johnson, "Electrical safety, electrical hazards, and the 2018 NFPA 70E" Time to update annex K IEEE Transactions on Industry Applications, vol. 51 no.4, pp.2709-2716. julho-agosto de 2015.

44. P.E. John Cadick, M. Capelli-Schellpfeffer, D.K. Neitzel, e A. Winfield, "Electrical safety handbook". McGraw-Hill Education. outubro de 2012.

45. PAUL. LEONARD, M.D. F, "Characteristics of Electrical Hazards," Anesthesia & Analgesia vol.51 no.5, pp 797-809, setembro de 1972.

46. R.H. Lee, "O outro perigo elétrico: Electric arc blast burns", IEEE Transactions on Industry Applications, (3), pp.246-251, maio de 1982.

47. L.B. Gordon, e T.R. Martinez, "Um método completo de avaliação do risco elétrico para todos os perigos eléctricos e a sua aplicação, " In 2018 IEEE IAS Electrical Safety Workshop (ESW) (pp. 1-8). IEEE, março de 2018.

48. P. Devadas, R. Abeth, S. Singh, A. Siluvairajan e R. Singh, "Estudo do RCD sobre Segurança Elétrica Industrial Comercial e Residencial - Uma Consciência de Perigo", Na Série de Conferências IOP: Ciência e Engenharia de Materiais, vol. 906, no. 1, IOP Publishing, agosto de 2020.

49. D. Roberts, "Risk management of electrical hazards," In 2012 IEEE IAS Electrical Safety Workshop (pp. 1-8). IEEE, janeiro de 2012.

50. L.B. Gordon, e L. Cartelli, 2009, fevereiro. "A complete electrical hazard classification system and its application," In 2009 IEEE IAS Electrical Safety Workshop (pp. 1-12). IEEE, fevereiro de 2009.

51. C.F. Dalziel, "Controlling electrical hazards. Electrical Engineering," vol. 66 no.8, pp.786-792, 1947.

52. K.R. Grosskopf, "Post-disaster recovery and reconstruction safety training", International Journal of Disaster Resilience in the Built Environment, vol. 1, n.º 3, pp.322-333, outubro de 2010.

53. D.K Neitzel, "Industrial electrical safety inspections," In ASSE Professional Development Conference and Exposition, One Petro. junho de 2013.

54. W. Fordham-Cooper, "Electrical safety engineering". Elsevier, janeiro de 1998.

55. R.A. Jones, R. Jones, e J.G. Jones, 2000. "Electrical safety in the workplace", Jones & Bartlett Learning, 2000.

56. Sebok, R. Mann, T. Andre, A. Gronstedt, K. Chik, I. Cooley, D. Shell e H. Anderson, "Augmented Reality Applications in Support of Electrical Utility Operations," In Proceedings of the Human Factors and Ergonomics Society Annual Meeting, vol. 64, n.º 1, pp. 1323-1327. Sage CA: Los Angeles, CA: Publicações SAGE, dezembro de 2020.

57. R. Wilkins, "Simple improved equations for arc flash hazard analysis," In IEEE Electrical Safety Forum, vol. 30, agosto de 2004.

58.A.D. Stokes, e D.K Sweeting, "Electric arcing burn hazards," IEEE Transactions on Industry Applications, vol. 42, no. 1, pp. 134-141, janeiro de 2006.

59.B.C. Brenner, "Reinvigorating electrical safety," In 2011 IEEE IAS Electrical Safety Workshop (pp. 1-3). IEEE, janeiro de 2011.

60.J.R. Hall, "Incêndios eléctricos domésticos. Quincy, MA", Associação Nacional de Proteção contra Incêndios, abril de 2013.

61.Kempen, "Community Safety Tips: Playing with electricity is not a game", Revista Servamus Community-based Safety and Security. 115 no.3, pp.54-56, março de 2022.

62.J.T. MacKinnon, "Important electrical and fire safety tips for families," Publicação de Plymouth Utilities, 2010.

63.M.W. Kroll, M.B. Ritter e H.E. Williams, "Fatal and non-fatal burn injuries with electrical weapons and explosive fumes," Journal of forensic and legal medicine, 50, pp.6-11. agosto de 2017.

64.P. Nilubol, "Hand burns caused by electric fires. Plastic and Reconstructive Surgery," vol. 53, no.3, p.370. março de 1974.

65.S. Amin bakhsh, M. Gunduz, and R. Sonmez, "Safety risk assessment using analytic hierarchy process (AHP) during planning and budgeting of construction project," Journal of safety research, Vol. 46, pp.99-105. setembro de 2013.

66.A.M. MacKay e K.J. Rothman, "The incidence and severity of burn injuries following Project Burn Prevention," American Journal of Public Health, vol.72, no.3, pp.248-252, março de 1982.

67.T. Gammon, W.J. Lee, Z. Zhang e B.C. Johnson, "Electrical safety, electrical hazards, and the 2018 NFPA 70E: Time to update annex K? IEEE Transactions on Industry Applications," vol. 51, n.º 4, pp.2709-2716, julho-agosto de 2015.

68.M.S. Hossain e K.M.A. Salam, "Abordagem básica de uma avaliação da segurança eléctrica nas indústrias de RMG: Development of electrical hazards", Journal of Modern Science and Technology, vol. 3, n.º 1, pp.40-46, março de 2015.

69.https://cea.nic.in/cei-electrical-accident-statistics/?lang=en

70.P. Konwar, J. Ahmed, B. Sengupta e M. Gogoi. Uma revisão sobre a reconfiguração da rede de distribuição. Jornal ADBU de Tecnologia de Engenharia, Vol. 7, 2018.

71.M.E. Baran e F.F. Wu. Network reconfiguration in distribution systems for loss reduction and load balancing (Reconfiguração da rede em sistemas de distribuição para redução de perdas e balanceamento de carga). IEEE Transactions on Power delivery, Vol. 4, no. 2, pp. 1401-1407, 1989.

72.C. Zhang Z. Lin, F. Wen, G. Ledwich e Y. Xue. Estratégia de reconfiguração da rede elétrica em dois estágios considerando a importância do nó e a capacidade de geração restaurada. IET Generation, Transmission & Distribution, Vol. 8, no. 1, pp. 91-103, 2014.

73. F.H. Ren, M.J. Zhang, D. Soetanto e X.D. Su. "Conceptual design of a multi-agent system for interconnected power systems restoration," IEEE Trans. Power Syst., 2012, Vol. 27, no. 2, pp. 732-740.

74. T. Nagata e H. Sasaki. "A multi-agent approach to power system restoration," IEEE Trans. Power Syst., 2002, Vol. 17, no. 2, pp. 457-462.

75. P. Mattavell, G.C. Verghese e A.M. Stankovic. Dinâmica de fasores de sistemas de condensadores em série controlados por tiristores. IEEE Transactions on Power Systems. 12, no. 3, pp.1259-1267,1997.

76. B.I. Kang e J.D. Park. "Aplicação de reator em série controlado por tiristores para limitação da corrente de falta e melhoria da estabilidade do sistema de energia". Revista Internacional de Sistemas Eléctricos e de Energia, Vol. 63, pp. 236-245, 2014.

77. N. Johansson. Anguish e H.P. Nee. Um controlador adaptativo para a melhoria da estabilidade do sistema de energia e controlo do fluxo de potência através de um condensador em série comutado por tiristores (TSSC). IEEE Transactions on Power Systems, Vol. 25, no.1, pp.381-391, 2010.

78. K.K. Sen. SSSC (Compensador Estático Síncrono Série): Theory, Modeling, and Applications. IEEE Power Engineering Review, Vol. 17, pp. 50-50, 1997.

79. K. Kavitha e R. Neela. Optimal allocation of multi-type FACTS devices and its effect in enhancing system security using BBO, WIPSO & PSO. Journal of Electrical Systems and Information Technology, Vol 5, no. 3, pp. 777-793, 2018.

80. N.I. Yusoff, A.A.M. Zin e A.B. Khairuddin. Gestão do congestionamento no sistema elétrico: Uma revisão. Em 2017, 3ª conferência internacional sobre sistemas de geração de energia e tecnologias de energia renovável (PGSRET) (pp. 22-27). IEEE, abril de 2017.

81. https://d3i71xaburhd42.cloudfront.net/b5e6283495f97fa9af6fdb8ff1102cf f292b0c78/3-Figure1-1.png

82. https://www.researchgate.net/publication/297540015/figure/fig3/AS:6693 36150761480@1536593582273/Single-line-diagram-of-8-bus-system-with-link-to-another-network-Case-2.ppm

83. Md Amin. Estudo sobre a gestão dos congestionamentos de transporte para a reestruturação do mercado, 2014.

84. E. Litvinov, T. Zheng, G. Rosenwald e P. Shamsollahi. Modelação de perdas marginais no cálculo do PMF. IEEE transactions on Power Systems, Vol. 19, no. 2, pp. 880-888, 2004.

85. Pillay, S.P. Karthikeyan e D.P. Kothari. Gestão de congestionamentos em sistemas de energia - Uma revisão. International Journal of Electrical Power & Energy Systems, Vol. 70, pp. 83-90, 2015.

86.K. Mwanza e Y. Shi. Gestão de congestionamentos: redespacho e aplicação de factos, 2006.

87.H. Dommel e W. F. Tinney, "Optimal power flow solutions," IEEE Transactions on Power Apparatus and Systems, vol. 87, no. 10, pp. 1866-1876, outubro de 1968.

88.M. Amroune. Técnicas de aprendizagem automática aplicadas à avaliação em linha da estabilidade da tensão: uma revisão. Arquivos de Métodos Computacionais em Engenharia, 28, pp.273-287, 2021.

89.F. Hu, K. Sun, D. Shi e Z. Wang. Avaliação da estabilidade de tensão baseada em medições para áreas de carga que abordam n- 1 contingências. IET Generation, Transmission & Distribution, Vol. 11, no.15, pp.3731-3738, 2017.

90.A.A.I. Ahmed. Modos de colapso de tensão em redes de energia, 2019.

MIX
Papier aus verantwortungsvollen Quellen
Paper from responsible sources
FSC® C105338
FSC
www.fsc.org